玩味

大廚在我家

曾秀保(保師傅)——示範

王瑞瑤——文·攝影

一條叫做愛情的豆瓣魚

我是報社記者，年資超過二十年；
他是飯店大廚，入行快要四十年。

我雖然吃香喝辣，但早出晚歸，忙碌奔波；
他雖然也是吃香喝辣，卻是煮菜試味，伺候別人。

一九九八年，我終於知道做一個家庭主婦的快樂，手裡切著菜，雙眼盯著電視，一邊為心愛的人下廚做菜，一邊為連續劇的悲苦而掉眼淚。他回到家終於可以好好坐下來吃一頓飯，再也不必下班摸黑、到處覓食，或是隨便煮煮、草草果腹。

我王瑞瑤，為我先生曾秀保烹煮的第一道菜是豆瓣魚，那年剛墜入愛河，兩個大胖子擠在十坪的小套房裡一起生活，有一天靈機一動，想為祖籍四川的他料理家鄉菜，於是在白天悄悄地買了一尾肥鯉魚，到了晚上，面對電磁爐卻傻住，豆瓣魚該怎麼煮呢？

不得已，打個電話給正在上班的他，耳朵夾著話筒，雙手笨拙地剝蒜切蔥剁薑、調醬烹魚勾芡，終於一個指令一個動作，煮出畢生第一條豆瓣魚，紅通通的豆瓣魚，象徵我倆對婚姻的如火熱情，幸運的是，持續至今，絲毫未減。

很多人都羨慕我，以為嫁給飯店名廚，天天在家吃大餐，其實我是美食記者，認真的美食記者，經常進入廚房採訪，知道廚師工作辛苦，不但火裡來水裡去，刀光油影閃不停，而且一站就是一整天，帶回家的是渾身油氣、一身臭汗。

我王瑞瑤與我先生曾秀
保因吃而結緣，也因吃
而進步，無論在專業或
體重上都大有精進。
（高政全攝）

所以在家下廚沒他的份，我才是曾家的大廚師。我下廚做菜，他只能坐在小板凳上陪我，看我揮刀亂切不可以嘟嘟囔囔，見我丟料亂炒也不能指指點點，除非我央求他教我做菜，他才能站爐掌杓，恢復大廚師的身分。

是愛他，也是愛自己。我一輩子最會做的就是採訪與寫作，總是跑新聞第一，萬事拋腦後，也不懂得好好過生活。直到遇見了他，從做菜發現樂趣，品嘗人生的酸甜苦辣，有時一人獨做，有時一起聯手，料理或許不是最美味，卻是兩人相處的最佳調味，好好寵愛自己的最愛，就從做一道菜開始！

豆瓣魚

■準備：

鯉魚（黃魚、吳郭魚、魬仔魚、草魚塊亦可），每尾重約14兩*（525公克）。爆香用油1.5大匙、薑末1.5大匙、蒜末1大匙、寶川**紅色辣豆瓣醬1.5大匙、蔥末1大匙、酒釀1.5大匙、米酒1大匙、鹽巴少許、白糖0.5大匙、白醋1大匙、水1碗、太白粉水1.5大匙、亮油1大匙、起鍋醋1大匙。

■處理：

1.魚洗淨，要刮除邊緣的細鱗，用剪刀在兩邊魚背肉厚處戳4、5下。
2.燒水、入魚、汆燙、去腥。若是黃魚則入油鍋炸到定型。

■烹調步驟：

1.起油鍋，爆炒薑、蒜出香味，續入豆瓣醬，炒約10秒，噴酒溢香，再加清水、酒釀、鹽巴、白糖，煮滾後試味，調出甜鹹辣。

2.放進魚，等再滾起後，轉小火，加蓋燜3分鐘，翻面再燜3分鐘。此時若忙著炒別的菜就先熄火，讓魚繼續燜著沒關係。

想吃一條正宗的豆瓣魚，可遇不可求，不僅僅活魚難覓，有的店家要求快速，掛汁不入味，有的店家不放油、少加辣，把豆瓣魚燒得甜甜的，滋味全無。

豆瓣魚的滋味如同人生，料理與家庭都需要用心經營。

3.用漏杓把魚撈上盤，再開火煮滾醬汁，若色不豔，加豆瓣醬；若味不
　足，加鹽巴調整，撒上蔥花勾芡，加入少許油增亮保溫，最後加白醋
　淋鍋邊，把完成醬汁淋上魚身即可。起鍋前撒蔥花、亮油、淋醋很重
　要，絕不可省略。

*一兩等於37.5公克。

**寶川為寶之川食品公司的品牌，為專業廚師指定品牌，除了紅色的豆瓣醬，亦有黑色的郫
縣豆瓣醬、花椒油、花椒粉、辣椒油、豆酥等，相關商品在南門市場等外省市集找得到。

Contents

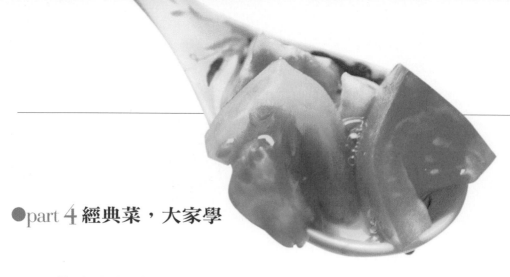

●part 4 經典菜，大家學

•Part 1
基本功，練一練

一雞萬用，白水煮雞
熟雞應用法

　　新春期間，保師傅受邀在中廣《蘭萱時間》節目裡介紹白斬雞的做法，沒想到正在開車的聽眾朋友憑記憶記住了上半段，回家照著做竟意外成功，高興地在我的部落格PO文感謝，並進一步要求完整的煮雞步驟，以及其他相關的雞料理。

　　不是我老王賣瓜，我老公的白水煮雞真的很厲害。大約十年應僑委會邀請，飛到南非約翰尼斯堡與淑女鎮兩地教僑胞做台菜，僑胞很想吃白斬雞，但保師傅在超級市場裡卻挑不到好雞，因為全部都是慘白又軟趴趴的冷凍肉雞。

　　有僑胞自告奮勇，想花高價到唐人街買中國人養的現宰土雞，讓保師傅一展身手。「不行，僑胞在異地要懂得利用當地食材，否則生活會很辛苦。」保師傅最後還是決定使用冷凍肉雞，結果大大成功，在南非住了兩代的婆婆媽媽們說：「從來不知道南非雞可以做成白斬雞，好吃到眼淚都要流下來了！」

　　不過對我而言，「煮」雞不是難事，「斬」雞卻難如登天，如何斬？從何斬？菜刀雖拿在我手，但可不聽我的話，說不定屆時斬雞變剁指！一想

對家庭主婦而言，剁雞的問題比煮雞還大，連刀子都拿不穩，一刀剁下，不知剁向何方，還有可能把廚房搞得像凶案現場一樣可怕。

白斬雞是一道大小通吃的健康料理，也是家庭主婦節省時間的萬用食材，熟雞肉可拌可炒可燴可煮，運用甚廣。

到此處，全身如起雞皮疙瘩，只好有請保師傅出馬。

他斬雞一流，又快又美，可是廚房就要面臨大災難，大刀剁下，汁飛肉濺，有時還噴出紅色骨髓，吃完雞要清廚房，實在教人頭大。

「不用刀斬，手撕就好。」保師傅下令，瞬間白斬雞變手扒雞，雖然手撕肉的過程油膩膩，但一次了結，倒也痛快。拆下的雞肉以大塊狀態放進密封盒裡，想吃時，再拆絲或切條，或用剪刀剪。除了小黃瓜，還能搭配西芹、蘆筍、粉皮、洋菜等，拌上各種醬汁即可變化多種口味。

另外，熟雞肉亦可炒飯、拌麵、燒菜，使用起來既快速又方便，最重要的是雞肉油脂含量低，有大噸位的朋友吃雞肉配蔬菜，加上天天走路，半年來瘦下了十幾公斤，成效驚人。

保師傅的
**簡易
白斬雞**

一個人或小家庭使用肉雞腿，也能做出美味白斬雞。

一 醃：帶骨肉雞腿約450公克左右，用花椒鹽均勻塗抹搓揉，靜置30分鐘，讓鹹味滲透，去除腥水。花椒鹽的做法是，取鹽巴和花椒，比例為3:1，鹽巴以乾鍋炒熱，但不要炒到變色，熄火拌入花椒，放涼即可使用。

二 蒸：取少許蔥、薑微微拍開，鋪在雞腿上，倒入些許紹興酒，放入電鍋中蒸25分鐘。須等電鍋外鍋的水沸了，才能把裝盤的雞腿放進去；蓋上鍋蓋，等待白白的水蒸氣冒出來，才能開始計時。

三 蓋：取出雞腿，雞腿要趁熱蓋上濕布，不能與冷空氣直接接觸，否則皮會黑會乾，變得不好吃。瀝出蒸雞原汁，並倒進碗裡，用吹氣的方式把表面浮油吹進水槽裡，多餘的油脂不用。

四 剁：等雞腿冷透，移至冰箱冷藏40分鐘，再剁成塊，雞肉才不會碎裂散開。

變化一：蔥油雞

1. 將蒸雞原汁澆淋在白斬雞肉塊上。

2. 然後在雞肉上鋪滿蔥絲與薑絲。

3. 燒熱香油，澆淋其上。油一定要燒到冒煙才夠熱，淋上去要聽到「殺」一聲才可以。

只用雞腿做成的簡易蔥油雞。

保師傅說，油一定要夠熱，才能澆出蔥絲的香氣。

變化二：拌雞絲

1. 小黃瓜洗淨，用菜刀拍裂，切成小段。拆下雞肉，逆紋切絲，兩者裝在碗裡，鋪上香菜末與大蒜末。

2. 以醬油1：醋2：麻油1的比例，調製三合油，淋在黃瓜雞絲上面即可。

拌雞絲變化大，可拌小黃瓜、洋菜、粉皮、白菜心、大頭菜、蝦米等等。

保師傅的
專業
白斬雞

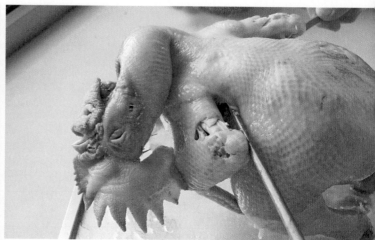

利用長筷子從雞翅下插入架起，可順利從熱水中取出全雞。

煮雞前先秤重，雞隻大小與烹調時間息息相關，煮不熟或煮過頭都不行。

煮雞第一步，熱水先燙雞，連續燙兩次，每次約10秒。

1.選用2.4公斤重的仿土公雞，燒水*拍薑放米酒，待水滾，抓住雞脖子入熱水涮燙兩次，每次燙10秒，讓毛孔收縮，雞汁不流失。

2.將雞倒著放進大盆裡，把熱水灌進肚子裡燙一次，再把熱水倒出，等水再次煮開。全雞要內外燙過，後續泡煮才會透嫩。

3.水滾，放雞，見大火滾沸，轉小火、加蓋煮10至12分鐘。

4.再轉大火煮滾，加蓋熄火，泡1小時。

5.撈起全雞，蓋上濕布保濕，或泡冰水20分鐘即成。

*煮雞的鍋要深，水要夠寬。

　　亦可使用1.6公斤重未生過蛋的熟母雞，燙法同上，但在3的步驟中只要滾4分鐘，在4的步驟中則離火燜30分鐘即可。

幾經研究，保師傅發現白斬雞要好吃，火力得均勻，煮雞先涮雞，內外夾攻，裡外熟度一致。

在家煮一隻全雞，再也不是一件難事。切記，煮雞不能用大火，否則容易破皮；全雞放至冷卻，最好入冰箱冷藏片刻，剁起來刀口才會漂亮而又整齊。

保師傅的
沾醬

棒棒雞醬與文昌雞
醬是白水煮雞的好
朋友。

●一般沾醬　醬油、醬油膏、客家桔醬均可，或自製九層塔醬油（九
層塔末、辣椒末、醬油、蒜末）、韭菜花醬油（韭菜花
末、辣椒末、醬油），或是大蒜或蒜苗醬油（大蒜或蒜
苗末、辣椒末、醬油）。

●文昌雞醬　大蒜1碗加嫩薑1/6碗，放入果汁機，倒入冷開水，攪打
成泥，再調和廣生魚露1大匙、糖1大匙、白醋2大匙、
香油3大匙、鹽巴少許即成。

●蔥薑雞醬　取綠色蔥尾與老薑1：1混合剁碎，加入鹽巴、味精、沙
薑粉，澆淋熱油。

●棒棒雞醬　即川味麻醬，芝麻醬1碗用冷開水1碗，分次調勻，再加
蒜末2大匙、薑末半大匙、蔥花2大匙、醬油膏1/3碗、香
油半大匙、紅油4大匙、花椒粉1/3大匙、白糖2大匙、白
醋3大匙。

加贈 海南雞飯做法

1.電子鍋裡放進洗淨的泰國香米與煮雞高湯，並加香蘭葉或香菜頭煮成香米飯。

2.用雞油爆香紅蔥頭末、香菜梗末，加入少許泰國魚露、醬油和白胡椒粉調味，熄火後，將香米飯入內拌勻。

如果沒有等到雞全冷就剁雞，很容易就破皮。

配海南雞飯的三種沾醬

1.辣椒醬：新鮮辣椒、紹興酒、香油、是拉差醬*、糖、泰國魚露、鹽巴全放進果汁機裡打成醬，現打現食，但若想久放，入鍋加油煮沸兩分鐘，可冰存半個月。

海南雞有三醬，獨立沾或混合沾皆可。

2.薑泥醬：薑磨成泥（可用果汁機打），放泰國魚露、鹽巴、山奈粉（沙薑粉）與糖、醋各少許，淋上熱香油出味。

3.新加坡雞醬油：明光食品**行有賣，或以蔭油膏取代。

泰國是拉差醬，色豔味濃。

*是拉差醬，泰國蒜味辣椒醬。

**明光食品行，觀光飯店與高級餐廳的食材供應商，位於台北市內江街55巷5號1樓，電話：02-23313282。

一牛九吃，中西合璧
牛肉基本法

幾年前，保師傅在中華職訓所擔任中餐講師，曾在一堂課中傳授一牛九吃的技法，當時上課的學生大多是未來的廚師，所以他針對一整條進口牛菲力，配合中廚使用的黑色圓底生鐵炒鍋設計菜餚，讓大家面對牛肉料理不再害怕，也不必借助額外添加的嫩精，讓牛肉失去本色。

保師傅認為，進口牛肉價格昂貴，但若能一次購買一整條牛菲力，成本就能大幅降低，而且不用鑄鐵或不沾鍋，拿普通的中式炒菜鍋，配合牛肉基本法等技巧，就能做出質感超嫩、道道美味的下飯菜，其中甚至包括五分熟的西式牛排。

那一堂課，我也在現場採訪，看到老公大顯身手，自己也躍躍欲試，幾天後，跑去菜市場跟肉販買切好的牛肉片，進廚房搬出炒菜鍋，抓住幾個大原則，發現家庭主婦料理牛肉，也可以輕鬆上手。

現代的家庭主婦非常依賴不沾鍋，然而光靠不沾鍋，是做不出好菜的，因為不沾鍋是炒不出香氣的。

冷鍋下料的不沾鍋，炒不出中華料理最關鍵的「鑊氣」，材料在鍋裡慢慢加熱變熟，與中華炒鍋的大火瞬間加熱完全不同，無論在香氣、色澤、柔軟度與保水度都有很大的差別。

一開始我也排斥中華炒鍋，家裡不是不沾鍋就是不鏽鋼鍋，炒肉煎魚用前者，爆香炒菜用後者，但我先生進廚房做菜，大部分都用中華炒鍋，仔細觀察，才發現不沾的秘密在「潤鍋」。

中華料理炒功的第一招便是潤鍋，如同中華武術的蹲馬步，都是基本功

潤鍋三步驟之一：開大火，燒熱鍋子，將表面雜質燒光光，聞到乾焦的味道為止。

潤鍋三步驟之二：將火轉小，舀一杓冷油入鍋，迅速旋轉鍋身，令油均勻吃入鍋子的毛細孔裡。

潤鍋三步驟之三：將熱油倒出，便完成潤鍋程序，再重新加油，開始爆炒食材。

想做好中華料理，先要了解中華炒鍋，保師傅教你潤鍋技巧，最便宜的生鐵鍋，輕鬆變成不沾鍋。

之一：大火燒鍋→加油旋轉→倒出餘油，三步驟就把生鐵鍋、不鏽鋼鍋都變成不沾鍋。值得注意的是，潤鍋這一招，不沾鍋不能用，因為禁不起大火空燒的考驗。

保師傅的
一牛九吃

想用中式鐵鍋炒出美味牛肉，必須遵循牛肉基本法而行。

■三招牛肉基本法：

不管是要煎煮炒炸，或想吃香、吃辣的，選用本土還是進口的，牛肉都得經過三招基本法的調教，才能變得又滑又嫩。

第一招：用尖頭小刀刺入整條牛菲力的表面，將白色筋膜挑起，一邊拉一邊割，剔下的筋膜可以燉湯不要浪費。再視菜餚所需，逆紋切成排、片、絲、丁等不同形狀，用保鮮膜封好，冷凍儲存。（逆紋切即「斷筋切」，也就是刀鋒與肉紋呈垂直地下刀。）

第二招：不管是牛肉片、牛肉絲與牛肉丁都採「三抓式醃泡法」，牛肉解凍後，先用少許醬油抓一抓，再用少許蛋液抓一抓，最後撒上少許太白粉再抓一抓即可。

第三招：烹牛 溫油泡牛肉是唯一要訣，潤鍋以後，倒入炸油燒到六分熟（約攝氏120度左右，油裡已開始冒小泡泡，或聽到油鍋裡發出聲響），轉小火，在醃好的牛肉裡先加入少許冷油拌開，再將牛肉倒進油鍋裡，用筷子迅速攪動散開，即可瀝出炸油，牛肉備用。

蠔油牛肉

1.牛肉切片，經基本法處理。磨菇切片、蔥切成1公分小段、薑末少許。

2.汆燙花椰菜、芥蘭菜或高麗菜，並先鋪在盤底。

3.起油鍋，爆香蔥、薑、炒香蘑菇，加紹興酒、蠔油、糖、高湯、白胡椒粉等。

4.倒入牛肉片拌勻、勾薄芡即起。

蠔油牛肉是中菜料理中最受歡迎的菜餚之一。

家常牛肉

準備綜合調味料（4人份，牛肉4至5兩約200公克重）：醬油1匙、水1匙、太白粉1/3匙，以及少許的米酒與胡椒粉。

1.牛肉逆紋切片再切絲，經基本法處理。

2.起油鍋，爆香蒜末、薑末、紅辣椒絲，辣豆瓣醬、芹菜段等，加入些許水，再加牛肉絲與綜合調味料，拌炒均勻，最後勾芡盛盤。

家常牛肉是四川味，靠的是辣豆瓣醬的鹹辣重味。

牛肉鬆

1. 倒入適量炸油，將油條以中火回鍋炸酥，待涼後壓碎鋪在盤底。

2. 牛肉丁先經過基本法處理。

3. 起油鍋，爆香薑末與蔥末，加蠔油、米酒、水、胡椒粉、芹菜丁、牛肉丁等拌勻。

4. 用極稀薄的太白粉水勾薄芡，並淋上少許麻油即可盛盤。

5. 佐西生菜食用。

以牛肉取代鴿肉的牛肉鬆，搭配西生菜，口感清爽。

辣煎牛肉

1. 牛肉切片，厚度約為0.7至0.8公分左右。

2. 調入辣椒醬、醬油、米酒、蜂蜜、檸檬汁、蒜末、洋蔥末、糖，以及炒香的白芝麻等，醃約15分鐘。

3. 潤鍋同時，在牛肉裡撒上些許太白粉拌勻，再將牛肉下鍋煎熟即可。

辣煎牛肉集甜辣鹹酸香於一身。

黑胡椒牛柳

1. 先以小火融化奶油，將洋蔥丁與蒜末慢慢爆香，加入大量現磨黑胡椒粉，炒到味道上衝，形成乾醬，即為黑胡椒醬。

2. 水燒開，加入些許鹽與米酒，把芥藍菜燙熟，並瀝乾水分鋪在盤底。

3. 牛肉逆絲切成小指大小，再經過基本法處理。

4. 鮮筍煮熟、去殼，切成手指般大小的條狀。

5. 起油鍋，爆香洋蔥條與熟筍條，加米酒、蠔油、糖、水，以及黑胡椒醬攪勻，再下牛肉拌勻，以太白粉水勾薄芡即可盛盤。

黑胡椒牛柳必須先炒製黑胡椒醬才會好吃。

日式牛肉

1. 菠菜切段，起油鍋，先炒梗、後炒葉，加米酒、鹽巴調味，起鍋瀝去水分，鋪滿一半的盤底。

2. 起油鍋，炒豆芽，加米酒、加鹽巴，同樣瀝去水分，鋪進盤子的另一半，形成白綠雙色。

3. 牛肉片經基本法處理。

4. 又起油鍋，爆香蔥段、蒜末、磨菇片等，用慢火炒，再加米酒、味醂、醬油、胡椒粉、熟青豆仁等，加入少許水煮滾，最後放入牛肉拌勻，即可勾薄芡起鍋盛盤。

5. 撒上海苔絲與炒香的白芝麻即成。

甜甜的日式牛肉，有居酒屋的風格。

印度咖哩牛肉薄餅

■做餅：

1. 低筋麵粉加鮮奶、水等打成稀薄狀的麵糊，並加青蔥末、鹽、糖來調味。

2. 用大火燒熱炒菜鍋，轉小火後，先以餐巾紙沾油抹鍋，再將麵糊倒入，轉動炒鍋，攤成薄餅，見餅起泡，即可翻面，煎至兩面金黃。

■炒餡：

1. 牛肉丁經基本法處理。

2. 起油鍋，炒香洋蔥丁，加入印度咖哩粉與茴香粉，乾炒到香味釋出，再加米酒、水、鹽、糖、熟青豆仁一起拌炒。

3. 勾薄芡，放進牛肉丁收乾拌勻即可。以薄餅包牛肉一起享用。

印度咖哩牛肉薄餅因為香料而讓人胃口大開。

椰漿牛肉

1.牛肉片經基本法處理。

2.起油鍋，炒香洋蔥絲、紅辣椒絲、香菇片，再放泰式酸辣湯塊（東蔭功）、米酒、水、熟青豆仁、糖、罐頭椰漿、檸檬汁等。

3.勾出較濃的芡汁，放入鳳梨丁或草莓丁，最後倒入牛肉片拌勻即成。

椰漿牛肉有了東蔭功酸辣湯塊而營造出南洋風。

乾煎牛排

1. 牛菲力切成2公分厚度，用刀背在兩面交叉敲打，使肉鬆化。再用少許鹽、糖、醬油、太白粉與水醃泡，每5分鐘翻面一次，至少醃10分鐘。

2. 水燒開，加些鹽與油，燙熟綠花椰菜並排列在盤底。

3. 起油鍋，爆香薑末，加入蠔油、米酒、水、黑胡椒醬（見黑胡椒牛柳）、糖等，炒成醬汁備用。

4. 潤鍋後先將油倒出後，再放油，保持大火，將牛排放入，煎約15至20秒即翻面續煎，同樣不超過20秒即可盛起裝盤，便是西式五分熟的牛排，佐醬食之。

中式鐵鍋煎西式牛排，而且還是五分熟，一點也不輸平底或鑄鐵鍋。

一抓二洗，三脫四拌
蝦仁上漿法

　　自從認識了保師傅，上館子吃飯從不點蝦仁料理，整尾的清炒、乾燒都不要，剁碎的蝦鬆、蝦餅也不碰，除了帶頭去殼的偶爾嘗嘗，因為大廚老公說：「妳沒有發現餐廳賣的蝦仁，跟自己剝殼的不一樣？」

　　經他指點，蝦仁真的很不一樣，餐廳賣的蝦仁多半肥嫩嫩、白泡泡，呈現無瑕的粉紅半透明，咬起來雖然脆口彈牙，卻沒有蝦仁味；但自己剝的蝦仁沒那麼飽滿，而且顏色偏紅，吃起來是軟Q的，帶一點脆脆的，有時甚至粉粉的，無論是腥或鮮，都特別濃郁，兩者在外觀和口感差別都很大。

　　保師傅說，外面的蝦仁多半泡過藥水，只有口感沒有味道，而且這種藥水蝦吃多了絕對會出問題，想吃蝦仁一定要自己剝殼比較安全。

　　說起來簡單，做起來麻煩。蝦子滑溜溜，剝殼不容易，剝完殼還要用牙籤挑泥腸，滿手腥味，實在囉嗦。「想吃就要動手，要不然多花一點兒錢，到市場買現剝的蝦仁，看著老闆剝的那一種。」保師傅再三叮嚀。

　　的確，蝦仁料理人人愛，但誰都不想一手腥，而且就算耐著性子剝了殼、挑出腸，還是炒不出美美的蝦仁料理。就像我，每次一到過油就出現問題，蝦仁與粉漿完全脫離，用筷子猛撥，筷尖就黏著兩坨粉，炒蝦仁像得皮膚病，髒兮兮、碎糊糊、油膩膩，好沒成就感。

　　「蝦仁要好吃，除了新鮮，前置處理很重要，關鍵在於上漿。」保師傅說，學會了這一招，無論清炒、乾燒、油烹從此都暢行無阻，炒一盤乾乾淨淨、清清爽爽、鮮味四溢的蝦仁料理，再不會難倒家庭主婦。

保師傅的 蝦仁 上漿法

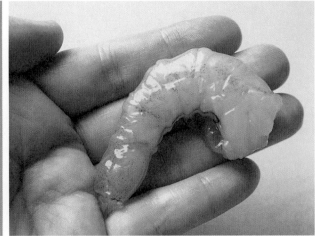

手剝蝦仁經過鹽巴與太白粉清洗後，從灰姑娘變美少女。

利用大量的鹽巴與大白粉抓洗蝦仁，可去污、增白、去腥。

水分不吸乾，蝦仁無法上漿，炒不出好模樣。

最後加進去的太白粉只有薄薄一層，剛好吃住，否則蝦仁表面不夠乾爽。

一 **抓**：蝦仁剝殼挑腸，放入大量的鹽巴與太白粉，用手邊抓邊攪，直到表面浮出灰色黏液。（鹽巴可拔腥味、去味、增加彈性，至於太白粉則可吸附黏液、漂白潔淨。）

二 **洗**：蝦仁置於水龍頭下，用大量清水沖洗乾淨，並瀝乾水分。（此時蝦仁摸起來已經不黏。）

三 **脫**：取乾淨抹布或大量紙巾，將蝦仁均勻鋪平其中，捲起，扭轉，吸乾表面水分。

四 **拌**：取大盆，放入蝦仁，以大拇指和食指取一小撮鹽巴，均勻撒上，用手以順時針方向攪打約2分鐘，直至表面發黏；取少許蛋白，手法同上，攪入至黏，最後在表面撒上薄薄一層太白粉，繼續攪打約1分鐘左右。

蝦仁乾煎法

1.取不沾鍋，加少量油，開小火，把上漿蝦仁一尾尾鋪平進去，見邊緣從透明轉紅就翻面，再煎至變色。

2.上鍋蓋、熄火，燜1分鐘，讓蝦仁全熟透。

（乾煎法是煎熟不上色，強調蝦仁的軟嫩與本味。）

家庭主婦可用不沾鍋煎蝦仁，慢慢來，過火也不怕。

蝦仁兩面煎紅變色，熄火加蓋，燜至全熟。

乾煎蝦仁全身柔軟，顯出蝦仁的本性與本味。

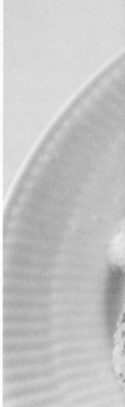

運用　清炒蝦仁

1.潤鍋、熄火，加少許油，放入乾煎好的蝦仁與少許蔥花。

2.開大火，沿著鍋邊淋下紹興酒，拌勻即起。

蝦仁泡油法

1. 燒熱炸油至攝氏140度*，放進上漿蝦仁先不動，見蝦仁邊緣冒小泡，油溫升起，以筷子將蝦仁撥散。

2. 見蝦身轉紅，以筷子按壓，感覺硬硬的，表示蝦仁已熟透，即瀝油備用。

（蝦仁泡油時，油溫不能過高，否則易變乾變硬，口感不佳。）

油泡法替蝦仁增加緊實感與油潤度，是料理蝦仁最常見的手法。

油泡蝦仁的油溫不能過高，否則容易脫漿。

*判定油溫最準確的方法，就是買一支金屬溫度計。

乾燒蝦仁是酸甜糖醋味，還要帶點兒辣。

運用 乾燒蝦仁

1. 起油鍋，爆香蒜末、薑末，加入辣豆瓣醬、番茄醬（番茄醬為辣豆瓣醬的2至3倍）、淋些紹興酒、少許糖、酒釀與鹽巴。

2. 放入泡油蝦仁，撒上蔥花拌勻，最後勾薄芡、淋白醋、滴香油即起。

（師傅說，蝦仁先上漿，再乾煎或泡油，可做出糖醋、宮保、左公、麻辣、咖哩、蟹黃、青豆、蒜酥、豆苗、三丁、五彩、烘蛋、炒麵、湯麵、炒飯等千變萬化的口味與花樣。）

一日滷鍋，十年功力
老滷速成法

我先生很愛吃滷味，冰箱裡凍著一包老滷，隨時想吃，便可解凍、放料、續滷。

這包滷汁可說是功力深厚，從我認識老公至今，至少十年以上，再加上某年烹飪老師程安琪分給我一袋，她照顧了二十餘年的老滷，讓我覺得家裡的這包滷汁一定要一直用下去，說不定未來還可以當傳家寶。

直到有一天，我吃自己做的滷味，都覺得索然無味，滷汁的三魂七魄好像全跑掉了，不輕易說難吃的老公終於開了口：「妳總是丟豆干、豆包、百頁、花干、油豆腐下去，把精華都吸光光，滷汁當然不會香。」

天地良心啊！你長得那麼肥，肚子又那麼大，我哪還敢滷牛肉、牛肚、牛腸、豬五花、豬大腸、滷蛋等等給你吃，那不等於謀殺親夫嗎？更何況我也很努力，每次續滷，就猛加蔥、薑、蒜、香菜頭、八角、花椒、丁

保師傅愛吃滷味，也鑽研滷味的美味秘密，五花肉與雞爪是養滷鍋的兩大護法。

滷味滷得好，滷汁養得好，再經過收汁與塗醬的手續，就能把滷味提升到醬味的程度。

香，甚至使用非常昂貴的手工黑豆醬油、倒進一整瓶米酒取代水，使盡方法挽救老滷，但它還是回天乏術，教我怎麼辦呢？

盯著湯色濁重、質地濃稠、沒有一丁點兒香氣的一鍋黑汁，打算心一橫，倒掉不要，大廚老公忽然發話：「我教妳拯救老滷。」

保師傅說，好的滷味必須具備五香，一是乾香料，指的是十三香，甚至更多；蔥、薑、蒜等辛香料是一香，醬油和酒各占一香，最後是食材本身的香氣，主要來自兩隻腳加四隻腳的脂肪、膠原蛋白和蛋白質。所以平日養鍋要使用五花肉、豬皮、雞爪，偶爾也要滷滷雞、鴨、豬、牛、大腸等內臟來豐富滷鍋的香味。

保師傅拯救老滷鍋：

■備料：

1.蔥、薑、蒜、香菜頭、辣椒。

2.中藥房販售滷包，拆除外包的棉布袋。

3.切小塊的五花肉和豬皮，或是雞爪。

4.不貴的醬油（貴的醬油都不黑不鹹不香，還偏甜）、紹興酒、冰糖。

■做法：

起油鍋，順序放進1、2、3的材料一一炒香，然後加醬油、淋紹興酒，待滾沸出香，放冰糖、倒水或普通肉湯（雞骨頭加清水3倍煮3小時，即為普通肉湯），加進沒有味道的老滷汁，煮半小時，即可放生材料進行滷製。

家裡有一包常備滷汁，做滷味很快速。

保師傅是調味高手，面對眾多醬料，總是信手拈來，味覺精準。

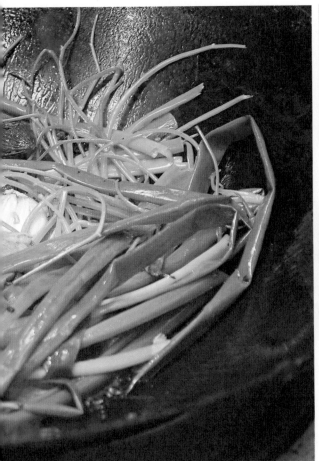

不論是起新滷，還是養老滷，都要藉助養鍋三寶：五花肉、豬皮與雞爪來增添色澤、膠質與肉香。

滷汁好壞不在於時間長短，而在於如何照顧。

辛香料與乾香料必須經過油炒，才能快速釋放精華，做成一日老滷。

保師傅的速成老滷鍋

■備料：（以家用8公升的鍋子為例）

辛香料：蔥4根、薑60公克、帶皮大蒜10粒，以上用菜刀略拍，再備紅
辣椒1根、香菜頭40公克、洋蔥半顆。

乾香料：以十三香為基礎，包括：蜜棗2粒、甘草8公克、月桂葉8片、
當歸1/3片、拍開的草果2粒，還有桂枝、大紅袍、山奈、白荳
蔻、桂皮、丁香、八角、黑白胡椒粒、大小茴香、砂仁等，以
上原則都是一小撮。

生材料：五花肉半斤（300公克）、豬皮6兩（225公克）、雞爪6隻。不
管是起新滷還是續老滷，每次起鍋都要加，可增加肉香、黏性
與亮度。

調味料：紹興酒、醬油、
高湯、冰糖。

滷鍋的乾香料種類繁
多，有的重有的輕，均
衡出好味。

雞爪、豬皮與五花肉也
要與爆香過的香料一起
炒製。

■做法：

1.熱鍋加油，放辛香料與乾香料，炒到極香極乾，直至冒煙也無妨。

2.放入生材料，半煎炒、不要一直翻動，當材料很香、鍋子很熱時，再沿鍋邊淋紹興酒、醬油、冰糖，同樣燒到出味，加入高湯煮2小時，老滷汁即成，可放生料進行滷製。

起滷鍋，爆炒、熗酒都應確實，所以油煙大莫驚慌。

利用原有的滷汁再加重調味，將滷味收汁至乾，可把滷鴨翅提升到醬鴨翅的境界。

滷好味,有秘訣

一、以油爆炒,可加速釋放辛香料與乾香料的氣味。

二、香料裝進棉布袋很難出味,建議拆袋先滷30分鐘,再瀝出裝袋,回鍋續煮。

三、豆干和海帶等素料要另起一鍋獨立滷製,若入大鍋混滷,滷汁會敗味。

四、豆干和鳥蛋滷製6小時才會入味;想省時間與成本,可以先滷3小時再浸泡一個晚上。

五、大塊生料如豬舌或全雞全鴨,要先醃花椒鹽1小時,才能入鍋滷製。

六、食材滷製時間不一,料理需要時間管理,例如:鴨翅50分鐘、鴨胗與豬舌為45分鐘,所以翅先滷5分鐘,再放鴨胗與豬舌,時間一到,全數撈出。

七、可反扣一個盤子,把食材完全壓進滷汁裡,再蓋鍋蓋,可以滷得更透更勻。

八、撈出滷味,可塗抹少許香油。

九、滷鍋用畢,冰凍保存;每使用兩次,便要撈出殘渣,補足養鍋材料與生料續滷。

全雞、全鴨、牛腱心、豬舌、鴨胗、鴨翅等等都要搓抹花椒鹽,好幫滷汁帶路。

滷大塊食材的時候,先用花椒鹽搓抹全身,可幫助入味。

滷味進階變醬味

　　取部分滷汁，加冰糖、辣豆瓣醬、辣椒粉、紅油煮至沸騰，倒入滷味回燒，期間必須舀汁重複澆淋，並開大火讓滷汁變濃稠，以利附著在滷味上。收汁澆淋約8分鐘，取出滷味，並留下濃稠醬汁做為塗醬。

　　滷味用風扇吹涼，再放入冷凍庫冰鎮20分鐘，取出塗醬，由於冰滷味遇溫醬汁即凝固成凍，滋味倍增。

一試上癮，保式秘製紅油
經典紅油料理

「哎呀，妳這個小氣鬼，都出書了還怕人學！」

「可是我的好哥哥，你的紅油好吃到可以賣錢呢！」

初入行在川菜館學點心的保師傅，經常在空班的時候，看冷盤師傅煉紅油。早期煉紅油很簡單，沙拉油燒滾，丟進蔥、薑與紫草先炸，再放辣椒粉、白芝麻、花椒和八角，一煉就是一大桶，當時他年紀還小，只覺得香料在油鍋裡翻滾的模樣很好玩。

等到獨當一面，輪到自己煉紅油、做小菜時，保師傅著手改良配方，首先把紫草剔除，「紫草丟進高溫熱油裡，可以瞬間把油染成誘人的深紅紫色，可是我討厭紫草的臭味。」

但如何讓紅油登峰造極呢？答案很簡單：材料好、用量足、配料多，沒別的法子了！與三十八年前的紅油配方做比較，保師傅除了保留現成辣椒粉以外，還加了不同品種的乾辣椒、新鮮辣椒和辣椒醬，有的增色，有的添香，各司其職，色香完美。

香料亦是如此，多了月桂葉、白荳蔻敲邊鼓，黑花椒也換成最麻最香的大紅袍，而且為求萃取完全，香料均打成粉末，形銷骨毀、利用殆盡。

此外，以前的紅油只有沙拉油而已，保師傅增加花生油和香油調和油品的比例，熱油裡除了炸香蔥、薑，還多炸了大蒜與香菜，這種不惜成本的紅油煉製法，當然天下無敵。

經營台菜餐廳的朋友想賣麻婆豆腐，保師傅大方給他紅油配方，再指導

保師傅總是不斷改良秘製紅油的配方，想達到登峰造極之地。

關鍵技巧，結果麻婆豆腐好吃到即將進軍百貨美食街開丼飯連鎖店。

　　家裡冰箱一定有一瓶保師傅紅油，別說是料理大菜、涼拌小菜需要它，有時連簡單的拌乾麵、沖泡麵、燙青菜、煮水餃都要來幾滴來提提香、增增色、開開胃。

　　不過第一次看到煉紅油的過程，覺得好危險。當熱油澆淋在香料上面，好像火山爆發一樣轟然冒煙、滾沸不已，讓我退避三舍，也很害怕廚師老公會因此受傷，讀者操作時，一定要特別小心，鍋子要大，動作要慢，以免濺傷自己。

以前川菜館子煉紅油只靠辣椒粉，如今辣椒粉也不再單純。

■準備：

1.準備A、B兩只大鍋，A鍋為容量30公升，B鍋為34公升，A鍋倒入10公斤沙拉油、5公斤花生油、5公斤白芝麻油，燒至攝氏185度備用。

2.蔥10根、帶皮大蒜20粒、香菜頭80公克、老薑180公克，全部洗淨、拭乾、拍裂備用。

■做法：

1.取B鍋，裝進以下所有材料：1.5公斤粗辣椒粉、1.5公斤細朝天辣椒粉、4碗平飯碗的白芝麻、1尖碗已打成粉末的八角，以及各1碗打成末的月桂葉與白荳蔻。

2.乾辣椒剪短，需8尖碗的份量，以不加油的乾鍋炒香，放冷後打成粉；大紅袍8平碗，處理同上；新鮮朝天椒去蒂頭，秤出800公克，放入果汁機加沙拉油打成辣椒泥（油量加到打得動為止，高度約1/3，分兩次打）。

54

滾沸的熱油與香料、醬料相遇，將產生類似火山爆發的效果，所以澆淋熱油一定要謹慎。

在家煉紅油，要找容量夠大的鍋子來操作，避免油沸、溢出、飛濺傷人。

3. 以12兩油（450公克）爆炒1.2公斤的寶川紅色辣豆瓣醬直至滾沸，2分鐘內持續翻動不停杓，否則會燒焦，並趁熱倒進B鍋裡。

4. A鍋加熱至攝氏188度，旋即熄火，放入蔥、薑、蒜、香菜，炸約3分鐘，見香辛料變色浮起，即撈出。

5. 此時油下降至攝氏160度左右，用杓取油，淋在B鍋裡（小心將生產火山爆發之勢，聲響大、冒白煙），待油取至1/3時，用鏟子將香料粉末攪散至全無顆粒，再續加1/3熱油，再攪動，倒入最後的1/3熱油，並確認沒有結球成坨。

6. 放置2小時後味即出，可使用；再置隔天，味盡出。篩出渣，油裝瓶，渣可繼續滴油3天，但必須用保鮮膜整個封起來，不要讓髒東西跑進去。

7. 可酌量添加丁香、桂皮、草果、孜然等，做出自己喜歡的個性紅油。

經典紅油料理

紅油抄手是很受歡迎的四川小吃,想要好吃就要煉紅油,調甜醬油。

紅油抄手

■專用甜醬油：醬油100公克＋清水500公克＋紹興酒1/4碗＋糖50
公克＋蔥2根＋老薑20公克＋拍開的帶皮大蒜4粒
＋香菜頭15公克＋白荳蔻5粒＋月桂葉2片＋八角1
粒＋拍開的草果1粒＋大紅袍1.5大匙，混合所有材
料，煮滾轉極小火30分鐘，瀝去香料即成。

■做法：

1.取碗公，放進紅油1/2大匙、甜醬油1/2大匙、醬油1/2大匙、白醋
1/2大匙、寶川花椒粉*2/3茶匙、蒜末1/3大匙。

2.將煮熟的抄手（餛飩）放進碗裡，1人份約8粒。

3.撒上蔥花，再加淋1/2大匙紅油即可。

花椒種類很多，滋
味最強的是大紅
袍。

*市售花椒粉多半不純不麻，而且研磨太細，沒有味道，所以專業師傅指定使用品牌，自己
在家研磨花椒粉，可利用磨豆機或調理機，整粒打碎後再篩掉白色硬心即可。

紅油耳絲

1.豬耳朵內側有耳垢，必須切除乾淨。

2.傳統做法為清水煮，現在多為醬油滷，不管選擇白滷或紅滷*，滷煮時間均為45分鐘，而白滷需撈出泡水，紅滷撈出後則塗上麻油。

3.豬耳朵先橫剖成片，再細切成絲。另備蔥絲堆在其上，份量為耳絲的一半。

■調醬：鹽巴、味精、白醋、寶川花椒粉、紅油、香油幾滴，拌勻，淋在其上。

早期兩岸不通，最麻的大紅袍花椒在台灣非常少見，如今想煉製又麻又辣的紅油，少了它可不行。

保師傅改良了紅油的煉製配方，其中辣的來源不光是單一辣椒粉，還增加了豆瓣醬。

*滷分紅白，紅滷是醬油烹煮，白滷是鹽水滷製，色味皆不同。

夫妻肺片是使用各種牛內臟，先滷製，再涼拌，當然紅油是味道關鍵。

夫妻肺片

■做法：牛筋水煮2.5小時，再入滷鍋滷1小時。牛肚水煮1小時，紅滷1.5
　　　　小時。牛腱先用長叉子戳過，抹上花椒鹽、壓重物醃3小時，紅
　　　　滷80至90分鐘。

■調味：所有食材都切片，調味與紅油耳絲同，但要加一點用菜刀壓碎的
　　　　去皮大蒜花生，可用蔥絲，或蒜苗絲、香菜末等。

（夫妻肺片不是指誰的肺，而是雜碎，禽畜的內臟，主要是以牛為主，亦
可增加鴨胗、鴨掌等，鴨胗先抹過花椒鹽，醃1小時再滷45分鐘，鴨掌則
是白煮30分鐘再浸泡40分鐘，即可拆皮拌入。）

麻婆豆腐加強版

1.將板豆腐切成1公分見方的小丁，入鹽水汆燙。
　牛絞肉炒香淋醬油做成乾肉末。

2.取1/2碗花椒和1碗燈籠椒分別以乾鍋炒香，研
　磨至細粉，混合為麻辣粉。

3.紅油起油鍋，爆香薑、蒜末、加少許麻辣粉、
　辣豆瓣炒香，續加醬油、酒、乾肉末、高湯，
　以及豆腐。

4.煮滾試味，以鹽巴和味精調整，加蓋燜燒3分
　鐘，加少許蒜苗末，勾芡，盛盤。最後再撒上
　大量蒜苗末、寶川花椒粉，用熱油澆淋即可。

　　麻辣粉是保師傅發明的秘密武器，威力驚人；
麻婆豆腐的傳統做法是撒蔥花、勾芡、加紅油、
撒花椒粉，再澆上火熱的豬油混合紅油，所以又
油又麻又辣又香。

保師傅的麻婆豆腐除了秘製紅油以外，還多
加了特製麻辣粉，吃一口香、第二口麻，第
三口會噴火。

擔擔麵

■特調麻醬：麻醬1碗、無糖花生醬1/4碗，加白麻油調勻。（台灣芝麻醬多有苦味，需靠花生醬中和其味。）

■醬汁：特調麻醬1大匙多、醬油1大匙多、味精、糖1茶匙、白醋半大匙、蔥花和蒜末各半大匙、寶川花椒粉1茶匙、紅油半大匙、豬油1/3大匙、煮麵水或熱高湯3大匙，調勻。

■煮麵：使用陽春細麵，水沸下麵，滾沸後加入半碗冷水，再沸即起。

■組合：碗公先放醬汁，再放麵條與燙青菜，放上2/3大匙紅油與榨菜末（或大頭菜乾末或冬菜末或芽菜末）、壓碎的花生碎末，即成。

擔擔麵靠芝麻醬支撐香氣，注意麵條必須不能煮太熟，否則糊爛一坨，口感欠佳。

妳會做……番茄炒蛋嗎？

聽到老公問出這句話，實在很羞辱人。有誰不會番茄炒蛋啊！起個油鍋，先炒番茄，再加雞蛋，鹽糖調味，您瞧四句十六字箴言搞定，多麼簡單的一道家常料理。

可是平心而論，我的番茄炒蛋好會出水，而且雞蛋是雞蛋，番茄是番茄，從來就不是同一國。

那天我悶著頭，獨自一人把番茄炒蛋出的汁當湯喝完，我老公瞅我一眼，忍不住開口：「要不要學番茄炒蛋？」我點頭如搗蒜，於是學會了每一個步驟都複雜一點點，但滋味卻好上數十倍的番茄炒蛋。

番茄炒蛋說來簡單，好吃卻難，步驟與調料都多一點點，美味大提升。

■備料：
　番茄2至4顆不等（黑柿仔與牛番茄均可）、洋蔥1/6顆、雞蛋3粒、番茄醬2大匙、糖1茶匙、白醋或烏醋2/3大匙、鹽巴少許。

■食材處理：

1.番茄用削皮器*去皮，以水果刀挖去蒂頭，用菜刀切成不超過1.5公分立方的小丁，瀝出汁水備用。

教人用熱水燙皮的番茄去皮法已經落伍了，買一支薄皮削皮器，瞬間把皮脫光光。

不靠太白粉水，而拿蛋液來勾芡，這是保師傅番茄炒蛋最厲害的地方。

2.洋蔥去皮，切出相同大小；雞蛋均勻打散。

■烹調步驟：

1.燒熱炒鍋，放1大匙油，待油起小泡後轉小火，倒入1/2的蛋液。不要急著攪動，見蛋長大凝固，緩緩用鏟翻起收攏，在將凝未凝時先起鍋，備用。

2.待炒鍋再燒熱，再放1匙油，倒進洋蔥，還是不要亂攪動，待香味溢出，再輕輕翻動幾次，直到洋蔥變軟。

3.加進番茄丁，翻炒至出水並變軟（大約2分鐘），加入番茄醬等其他調味料拌勻。

4.將炒蛋放入略炒，倒進剩下1/2蛋液，開大火，兜攏收汁即起。

*市面上有許多去薄皮的削皮器，專用於番茄、奇異果、小黃瓜等，以前教人用熱水去番茄皮，要劃十字、燙熱水，若熱水久燙，番茄變爛，燙不足，皮又撕不下來，還不如買一個專用削皮器，一勞永逸。

對抗物價的水餡兒餛飩

　　那天回娘家，吃了九十歲老爸包的餛飩，我直誇好吃。隔週又回去，我父親不顧手抖眼花，整整包了一百粒給我帶走。我老公保師傅是專業廚師，擅長燒爨燜煨的南方菜，對炒拌滷燴的北方菜很少誇獎，那天他吃了我老爸包的餛飩，居然從嘴裡吐出：「還不錯」三個字。

　　搞不清楚狀況啊！我爺爺是廚師，我老爸也精通廚藝，只是因為年紀太大，有時記不住細節，相同的東西，每次煮出來的味道都不太一樣，就像這一次的餛飩，裡面居然有蝦米（開陽），這也是我這輩子第一次吃到的「開陽風味餛飩」，感覺很像水餃，因為我們家的餃子餡一定有剁碎的蝦米。

　　保師傅說：「餛飩好吃是好吃，可是沒有人在餛飩裡放開陽，而且你老爸的肉餡兒未免也太硬了些。」哼！真是人在福中不知福的傢伙，有得吃還挑嘴，所以當一百粒餛飩吃完時，我要求他露一手給我瞧瞧，什麼是超完美餛飩。

我媽媽是台灣人，在嫁給我爸爸時只會煮白飯，不會炒菜，經過我父親調教之後，也是烹調達人。

有時也會耍幽默的保師傅說：水餡餛飩像挺個大肚子的自己。

　　興沖沖買了豬絞肉、餛飩皮、蔥和薑等，我負責切洗做苦力，他專司調味搞技術。取出大盆，放進絞肉、薑末與蔥末，只見他隨手倒進醬油、胡椒粉、紹興酒、糖、鹽，以及一大碗的水，我還是繼續做苦力，就是拿著一雙筷子順時針攪打肉餡，直到水不見了為止。

　　「常溫豬肉吃不進水，所以絞肉最好先冰過，才能順利打水。」保師傅見水跑進肉裡，就再加水，我的手都快打不動了，他還拚命往裡面加，連續四、五回之多，這水的份量至少有肉的四、五成，乾巴巴的絞肉慢慢變成鼻涕黏痰狀。

　　我愈看愈有氣，這在玩什麼東東？本來想用很帥的動作包餛飩，就是右手持餡挑，左手拿麵皮，就這麼一抹一捏一丟，俐落迅速，可是眼前這一盆濕答答的絞肉，一定很難搞，弄得我心情大壞，忍不住皺眉抱怨。

包餛飩一二三之一。

包餛飩一二三之二。

包餛飩一二三之三。

餛飩完成。

▲餛飩有很多種形狀，包成元寶形也不錯。

◀餛飩餡的吃水量很高，保師傅的水餡餛飩看起來根本是糊狀物。

▶一抹一捏，是餛飩最快的包法。

「妳懂什麼，這是水餡兒，不但好吃，而且可以讓餛飩變很多。」保師傅在盆裡撒上薄薄一層太白粉，說是讓粉包住肉，好鎖住水分，肉餡吃起來更滑口，待我攪打均勻後，他又兜頭潑進一大杓麻油。哇咧，這肉餡兒更濕了，「別怕，繼續打，油一下子就吸進去了。」他的笑容露出些許得意。

原本只是半盆絞肉，現在肉餡兒直達九分滿，我一邊包，一邊嘮叨：這薄皮兒怎麼包得住水餡兒？我胡捏亂抓，每個餛飩都不成形，感覺更像傷風感冒擤出來的衛生紙團，還生怕一不小心力道大，弄破皮，髒了手。

抬頭看我家的天才老公，他卻正經八百，用粗壯的手指東捏西折，細心包出一粒粒小餛飩，「妳看這餛飩像不像我吃飽了飯，挺著肚子坐在沙發裡的樣子？」為了逗我開心，故意說笑話。可是我還是開心不起來，如果不好吃，這一盆水餡兒少說包出兩百粒餛飩，那我豈不慘兮兮？

「哎呀，煩死人啦！現煮幾個給妳嘗嘗就知道。」他抓起六粒餛飩，起身進廚房，不一會兒工夫，餛飩來了，我瞧這餛飩並沒有因為水多而變小，撈起一粒放進嘴裡，咦？肉汁豐富，肉味撲鼻，最特別的是肉餡兒不是一整團硬肉，而是軟呼呼、鬆垮垮、滑嫩嫩，絕非我擔心「一粒田螺九碗水」的寒酸樣兒。

保師傅說，五花混梅花的一斤（600公克）豬絞肉，最多可打進四兩的水（150公克），而水餡兒餛飩可做百鳥朝鳳（雞湯餛飩）、紅油抄手，連煮泡麵、蔬菜湯都可以下幾粒添添鮮，在物價齊漲的節骨眼上，可幫家庭主婦或餐廳小吃節省成本。

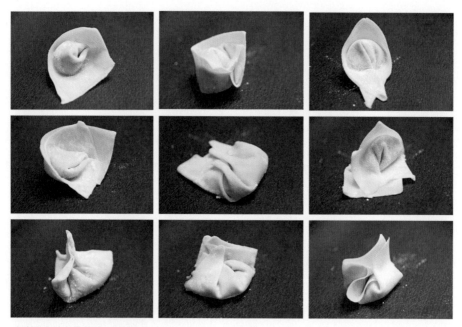

餛飩的包法有很多種，保師傅信手拈來，包出十二種花樣。

民國六十三年入行的保師傅，長得胖又一臉呆樣，做學徒時在千大
川菜學點心，他說，當時並未開竅，做事笨手笨腳，如果沒有人
在的時候，他自己可以捏出十八種形狀的包子，一旦有師傅站在身
後，他嚇到連手中的點心都拿不住，直接掉在地上。

如何保存水餡餛飩？

　　由於水餡餛飩含水量高，在冷凍前必須掌握兩個重點，以免辛苦包的餛飩黏死在盤底或結成一大塊。

　　首先在盤子上鋪塑膠袋（保鮮膜太薄太軟不適合），不必撒粉，直接放上餛飩，第二個重點是餛飩不可堆疊，必須排列整齊，並保持適當間隔，然後送進冰箱冷凍，半天就變硬，之後分袋包裝。

　　想吃，拿一袋丟進滾水裡，待餛飩浮起，等片刻即熟，加些油蔥酥、芹菜珠、胡椒粉，味道更好，配泡麵、泡飯也不錯。

包餛飩可繁可簡，過年就包成元寶，平常就包成長條狀，比較容易冷凍保存，又快煮熟。

螞蟻上樹與家常豆腐

　　幾個禮拜前在家看日本節目《料理東西軍》，比的是麻辣春雨與紅燒豆腐這兩道中華料理，節目看到一半覺得有點兒古怪，因為就用料與程序判斷，應該是螞蟻上樹PK家常豆腐。

　　雖然《料理東西軍》一再重播，但我們總是百看不厭，這個節目讓當美食記者的我，以及擔任廚師的老公獲益良多，所以習慣一邊觀賞、一邊討論、一邊記錄。

　　保師傅說，其實螞蟻上樹與家常豆腐是一國的，也跟常見的五更腸旺是一夥的，都是四川菜的家常味型。我一直以為是加點兒醬油，噴點兒米酒的隨興燒法，就是最典型的媽媽家常味，未料四川所指的家常味是添加了辣豆瓣醬，用肉末或肉片提鮮，並偏重薑、蒜的鹹辣味。

　　入行時學做川菜的保師傅表示，家常味可做牛肉絲（肉絲過油，加薑絲、蒜末和辣椒絲），魷魚卷（魷魚過油，加薑片與辣椒絲），豆腐（豆腐炸酥，以肉末提鮮，加薑末、蒜末與蒜苗或蒜苔*），或是鮮干貝、海瓜子、海參，甚至是杏鮑菇等。

寶川出品的辣豆瓣醬，
是許多老川菜師傅指定
使用。

*蒜苔即大蒜花莖，是冬天才有的蔬菜。

他又說，以前最常見的是家常鴨腸，加了芹菜或韭黃拌炒，雖然家常味的特色在辣豆瓣醬，但其中也有例外，同樣手法炒雞丁卻不能叫家常，而得叫辣子雞丁（雞丁過油，加薑片、蒜片、辣椒片，配黃瓜或青椒），至於螞蟻上樹則是加生蔥花提香。

除了四川以外，湖南和川揚料理也有家常味，但川揚的家常豆腐吃起來不辣，不見蒜苗卻多了去籽的新鮮紅辣椒配色，另外川揚與湖南的豆腐都切成三角形，與四川的長方塊不同。

保師傅強調，家常味的主料只要不是肉，都要搭配絞肉或肉片提鮮，但絞肉事先炒熟做成紹子（即肉臊）備用。

退休後以教學打發時間的保師傅，一開口便說不停，聽得我頭昏腦脹，於是試著整理出一套家常味的簡易公式，並做出材料下鍋的順序圖，讓人一目了然：

四川家常味＝食用油→薑、蒜→辣豆瓣醬→主料→調味料（酒＋醬油＋味精＋高湯或清水）→收汁

至於《料理東西軍》裡日本人誤稱的紅燒豆腐，也不是加醬油那麼簡單。紅燒在川菜主鹹微甘，江浙則為重鹹重甜，而且紅燒絕對不辣，除了添加蔥、薑、蒜等辛香料，或是香菇、筍片、肉片等，江浙人慣用金華火腿來紅燒豬腳與魚頭，或是加入扁尖筍或魚鯗（即魚乾），把豬肉燒得又黑又亮又甜。

「家常和麻婆都叫蟑螂色，是辣豆瓣醬加醬油混合的顏色，比紅色更暗一點，而家常與麻婆只差在有沒有加花椒而已。」

我先生保師傅年輕時跟著第一代外省師傅學手藝，操著鄉音的老師傅脾氣很壞，動不動就抄起大杓子要敲小師傅的頭。聽他口裡喃喃唸著家常味的口訣：「薑蒜末爆香，再炒辣豆瓣醬，起鍋前莫忘亮油。」腦袋被敲了一整年，對四川家常味永遠不會忘。

家常豆腐

1. 2塊板豆腐先對剖，切成長方形，以攝氏180度的熱油*炸成金黃色。

2. 豬絞肉60公克，炒熟淋醬油成乾肉末備用。

3. 以紅油起鍋，爆香蒜末1大匙、薑末1/3大匙，加入辣豆瓣醬2/3大匙炒香後，再加米酒半大匙、醬油1/3大匙。

4. 放入肉末拌勻，加入250公克的清水或高湯、少許味精，試味調整鹹辣。

5. 放入豆腐，燒滾後轉小火，加蓋，把豆腐燜透約2分鐘，加入斜切的蒜苗片略煮，勾薄芡、淋香油後起鍋。

豆腐入鍋油，初期沉在鍋底，等到浮上來了就表示豆腐快炸好了。

家常豆腐與螞蟻上樹最大的不同在於起鍋前要勾芡。

家常豆腐是四川名菜，走的鹹香辣，而非紅燒那麼簡單。

*聽聲判別炸油法：使用過的炸油，因為含有水分，再次使用，可用聽的來判定油溫。加熱時，鍋內答答答由徐轉急，表示油溫達攝氏140度；若聲音更急了，代表已飆到攝氏170度；忽然間無聲，則是高溫的攝氏180度。

螞蟻上樹

所有做法與調味均與家常豆腐相同，但豆腐換粉絲，蒜苗換蔥花，最後不勾芡，大火直接收乾。粉絲用冷水先泡軟，再用剪刀剪短。

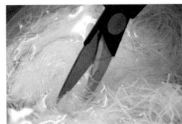

粉絲用冷水泡軟，並用剪刀剪短。

螞蟻上樹與家常豆腐在操作上最大不同是不需勾芡，以大火收乾水分即可。

螞蟻上樹非常下飯，製作又簡單，材料也便宜。

為什麼叫螞蟻上樹？

問過許多廚師，答案皆是：粉絲炒肉末看起來就像螞蟻上樹，但透過網路搜尋，發現螞蟻上樹與元代劇作家關漢卿筆下的人物竇娥有關。

竇娥的夫家很窮，連賒肉都只能求到一小塊，於是她把剩下的粉絲與剁碎的肉末炒在一起，送給臥病在床的婆婆吃，老眼昏花的婆婆問：這上面怎麼有這麼多螞蟻？螞蟻上樹因此得名。

蒼蠅頭是什麼菜？

　　廚師在家通常不下廚，加上我又很愛煮，除非我主動吵著要吃要學，否則保師傅絕不輕易出馬，可是那天家裡的餐桌上居然出現一大碗蒼蠅頭。

　　我揉揉整晚緊盯電腦而疲累至極的雙眼，不敢相信大廚老公在我上班的時候，自己在家炒了一道那麼平凡的菜。「原來他喜歡吃蒼蠅頭啊！為什麼我不知道？」心底的震驚有幾分是因為無知，替他煮飯十年，記得只做過一次蒼蠅頭，由於不知掌握火候與下鍋順序，細切成粒的韭菜花炒過頭，顏色不夠脆綠，吃起來軟趴趴。

　　「妳不覺得蒼蠅頭很適合颱風天，材料便宜，做法簡單，容易保存，味道又重，配飯拌麵都不錯。」一個人在家的他，又熱飯又下麵，滿嘴吃得油滋滋，開心得不得了。

　　一道小炒的威力那麼大，我忍不住舀一口嘗嘗，哇！又鹹又辣，可是鹹辣之後，豆豉的甘味浮現，韭花的香氣縈繞，忽然有一種很餓的感覺。

蒼蠅頭因為加了豆豉，才叫蒼蠅頭，也因為有豆豉，才變開胃、下酒、吃飯皆宜的好菜。

開餐廳的鄭文強，從廢食材變出蒼蠅頭，成為台灣南北餐廳的流行菜餚。

蒼蠅頭不是四川菜，而是台灣皇城老媽餐廳老闆鄭文強所發明，據了解這道菜原本是廢物利用，老闆捨不得把修齊的韭菜頭丟掉，所以加了豆豉與豆瓣醬炒製成小菜，遠看就像一群綠頭蒼蠅，十幾年前就採訪過鄭文強的美食記者姚舜告訴我，四川豆豉的陳香，是美味關鍵。

保師傅說，台灣師傅可厲害，在四川找不到的還有五更腸旺，民國六十幾年時，芷園餐廳總領班楊文斌嫌家常腸旺不夠熱也不夠香，所以上菜時加了一座酒精燈，並將菜名改為五更腸旺（酒精燈又叫五更燈座），引起當年每家川菜館爭相模仿，至今有誰還知家常腸旺？

而現在大家所熟識的蒼蠅頭，也不再是韭菜頭加黑豆豉那麼簡單，韭菜花取代了咬不動的韭菜頭、絞肉滋潤了蒼蠅頭、辣椒替蒼蠅頭提味，至於豆干則增加蒼蠅頭的份量，不管蒼蠅頭是什麼菜，川菜也好，台菜也罷，只要配飯拌麵下酒，能開胃就是好菜。

保師傅的蒼蠅頭

■備料：

1.韭菜花500公克，洗淨晾乾，切出約0.8公分長的小丁。豆干150公克，切出約 0.5立方公分小丁。香菇25公克（約6大朵），溫水泡開，擠乾拍扁，切出約0.8立方公分小丁。

（香菇是保師傅自己加進去的，說是味道好，又能提升質感。）

蒼蠅頭使用韭菜花，但據原創者表示，一開始是粗老的韭菜頭。

炒製蒼蠅頭，肉宜瘦不宜肥，否則冷食噁心。

2.泰國辣椒4根，連籽剁碎，改用大條紅辣椒亦可。大蒜10粒，去蒂頭，用刀輕輕拍扁切碎，拍大蒜不能貪心，一次一粒，否則容易飛出去。

（我曾問保師傅，大蒜蒂頭不去不行嗎？他正色回我：蒂頭又黑又硬，而且這是專業問題。）

3.豬絞肉150公克加少許醬油與太白粉拌勻，並淋上一點油。

（絞肉不能太肥，否則冷吃便噁心，最好選胛心或後腿肉；拌肉不能用手，容易起黏性不易炒開，淋油就是幫助絞肉散開。）

大蒜為蒼蠅頭畫龍點睛，但千萬別用現成水洗蒜，否則會有一股兒酸味。

香菇則是保師傅自己喜歡，讓蒼蠅頭多一味，多一種嚼感。

豆干扮演增量、吸味之用。

■炒製：

1.以不沾鍋起油鍋，半煎半炒煸香
豆干，盛起備用。

2.再炒絞肉，炒至全熟變色，再加
入蒜末與辣椒炒到忍不住咳嗽起
來為止。

3.再加豆干、香菇、豆豉*3大匙，
紹興酒2瓶蓋、醬油3大匙，以及
糖、辣油、胡椒粉等少許，先炒
出香味，再加一點兒水，稍微收
乾，最後放入韭菜花，拌勻，試
味即可。

*韭菜花、豆干與絞肉的比例可隨個人喜好而增減，大蒜與香菇可不放，豆豉可不能少，保
師傅說菜名之所以叫蒼蠅頭，全因為黑黑點點的豆豉，切記豆豉不能碰油爆香，否則質地由
軟變硬，味道出不來，口感亦不佳。

小媳婦的家常牛肉麵

我家有一口德國製造的FISSLER藍點不鏽鋼鍋，這口鍋子對一家兩口人來說是超級大，容量可達十公升，每次我煮牛肉麵時，總喜歡拖出這口鍋子，一口氣煮出二十人份的紅燒牛肉。

「為什麼要用這麼大的鍋子，煮那麼多的牛肉？」朋友一開始都笑我，直到他們吃到咱家的牛肉麵時，才紛紛改口向我要配方。「煮一碗好吃的牛肉麵，先要有一口好的鍋子。」我忍不住臭屁起來。

其實這口鍋子真的有學問，是大廚老公特別挑選的。首先它的鍋底加厚，鍋蓋與鍋身又密不透氣，文火燉煮時，哪怕是湯頭滾沸的狀況下，都不太容易溢出水蒸氣，因此產生一種燜燒效果，燉煮牛肉要的是軟而不爛，黏而不散，這口鍋子的效果硬是比芬蘭HACKMAN設計師鍋、法國飛碟鍋來得好。

至於為什麼一口氣煮那麼多紅燒牛肉？原因有二，一是材料愈多，湯頭愈好，二是為了貪圖方便打包冷凍，想吃，打開冰箱就有，尤其是我這種天天要上班的職業婦女。

老實說，牛肉麵配方是綜合整理多位烹飪老師料理家常牛肉麵的方法而來，並斟酌添加喜歡的香料，是集各家大成，非自己獨創。

準備洋蔥丁、番茄丁、蔥段、薑片、切成大塊的美國或澳洲牛腩與牛筋，以及李錦記蒜味辣豆瓣醬或寶川辣豆瓣醬，在厚底大鍋裡倒入橄欖油，將洋蔥炒香，再放牛肉，繼續炒到牛肉表面收縮為止，這段時間很長很累，預估需持續翻炒十五分鐘以上。

加入豆瓣醬，繼續炒到出水，加入番茄、清水（差不多淹過牛肉即可）、醬油（不必太多，調色而已）、鹽巴、少許糖等，別忘了丟些八角與荳蔻、肉桂葉等香料，煮沸後去除浮沫，然後加蓋轉小火，煮上四十分鐘。每次定時器只走到三十分鐘，我便迫不及待跑去試吃牛肉的軟硬與鹹淡，感受差一步的火候，提高完成時的興奮感。

通常周六晚上是紅燒牛肉日，整鍋就這麼靜置到隔天，到早上還餘溫猶

家常牛肉麵看似隨便煮煮，還是有許多撇步在其中。

存，待冷透了也入了味，便分批裝入夾鍊密封袋，再放進冰箱冷凍，每次想吃牛肉麵，就移出解凍，很快就能變出一碗夠水準的牛肉麵。

解凍紅燒牛肉也有方法，以前想吃又心急，總是直接加水上爐，並以大火硬煮到解凍，結果牛肉乾柴無味。後來知道急不得，一定要等牛肉完全解凍才能加熱，又經過幾次試驗，才發現煮麵水是最方便的高湯，對上即成，而且冷凍紅燒牛肉也不耐久煮，一煮開了便要轉小火保溫，以免牛肉變老、美味散失。

「鹽是筋，鹼是骨」我老爸在家裡做麵條，都會唸出這句口訣，自己和麵（高筋麵粉為優，中筋也能湊和使用），自己擀麵，麵粉裡就得加些鹽巴或鹼水。

鹼塊泡成鹼水有點兒麻煩，所以大多是加少許鹽巴在麵粉裡，混合均勻後再加冷水，調和到捏起來可成團，卻又不黏手的狀態，拿濕布蓋上麵團，或直接把和麵的大鋼盆倒扣，醒麵三十分鐘以上。

這段時間，本來不甚光滑的麵團水粉融合，便更容易揉捏成團，不過加鹽的麵團比較硬，擀起來稍微費點兒力，硬度與勁道逐漸增加，但煮熟後軟蓬帶勁，麵香十足，與市售的麵條口感大不同，吃一次就愛上。

製麵有七招，口訣為揉、擀、疊、切、抖、捏、散，最後兩招別家沒有，老爸說，加了兩個步驟就能增加麵條的彈性與吸附醬汁的能力。

揉：高筋或中筋麵粉加水加鹽，揉成表面光滑的麵團。

擀：用擀麵棍把麵團均勻壓平推開，黏手就撒麵粉，滾成薄麵片。

疊：麵片兩面撒上太白粉，像製作折扇一般，將麵片折疊堆起。

切：取菜刀切麵片，切出適當寬度，菜刀要夠利，不要硬壓或拖拉。

抖：兩手拉住折疊麵片的最上一層，抖開成麵條。

捏：均勻撒上太白粉，將麵條用刀捏成團。

散：輕輕再把麵條抖散，即可下鍋煮熟。

大師傅的專業牛肉麵

　　有人會寫，有人會說，但是到底會不會做？一位師傅偷偷告訴我，老闆請來一位小有名氣的作家擔任餐飲顧問，她寫書、出食譜，三不五時在報章雜誌上替飯店打廣告，甚至以專家之姿當評審，不過每次來吃飯都嫌東嫌西，似乎大飯店的大魚大肉都比不上她家冰箱裡的一碟小菜。

　　有一天，這位美食家進入飯店廚房裡，想指揮二、三十位廚師做她的家傳牛肉麵，結果不做還好，一試便破功。我問主廚到底好不好吃？只見他眨眨眼睛、左顧右盼，壓低聲音說：「湯鹹得不得了，肉又硬得要命，而且她為了煮那碗了不起的牛肉麵，買了一堆特定品牌的醬油，現在還堆在廚房裡。」

　　耍耍嘴皮子，用說的一下子就唬住人，咬筆桿爬格子難一點兒，可是胡吹亂蓋也過得去，一旦親自動起手來，真槍實彈可騙不了人。

　　從小，我家吃飯就不輕鬆，山東老爸愛做也愛吃，王家女兒從小得進廚房當幫手，三餐吃飯都像開檢討大會，對料理品頭論足。長大後當個趴趴走的記者，吃過也見過太多好東西，採訪過許多烹飪高手、美食名家，總覺得自己的任督二脈已經打通，哪怕是嫁給了保師傅，骨子裡還是自認比別人厲害。

　　直到那天，我吃到保師傅親手做的牛肉麵，再想想自己煮的，並經常掛在嘴上吹噓的家常牛肉麵，只能用「敝帚自珍」來形容，深刻了解「自用」與「商用」的差距原來那麼大，許多技術是隱藏在細節裡，而非家常那般簡化。

　　說來也好笑，以前保師傅在飯店工作時，除了記者會以外，我很少上他

牛肉燒得好，變成乾拌川味牛肉麵一樣夠味。

那兒吃飯，就算去吃飯，也不一定是他親手做的；在家，廚房被我霸占著，做為表現賢慧的最佳舞台，保師傅始終無法越雷池一步。後來他從飯店退休，之後固定在台北開封街稻江科技學院推廣部擔任專任老師，教導社會人士以烹飪為第二專長，我才真正有機會認識他一身的好廚藝，了解在家做給自己吃，跟開店賣給別人吃到底有什麼不同？

看他煮牛肉麵，得先花一天時間熬高湯、煉牛油，牛肉口味還細分為：川味紅燒、台灣清燉、辣味乾拌、上湯沙茶等等，而且牛肉原汁對上牛肉高湯不代表牛肉麵完成了，還要視不同口味加點兒蒜泥、醬油、魚露、胡椒粉、紹興酒等，牛肉麵因此有了個性、出現層次，還有紅油、酸菜、蔥末、蒜苗或香菜也不能少，誰該配誰？味道天差地遠。

保師傅牛肉麵大公開
（以下為商業用大量的配方）

牛骨高湯：

1. 牛大骨8公斤用鐵鎚敲裂開、帶肉的進口牛碎骨3公斤、豬的尾椎骨3公斤、去油切塊的老母雞2隻，全部材料放進攝氏250度的烤箱裡烤到香味跑出、表面焦黃。

牛骨熬煮很難出味，所以利用西餐手法，與蔬菜一起烤香。

2. 追加5支蔥、拍扁的老薑1大塊、帶皮對切的洋蔥2粒、西芹3片、紅蘿蔔400公克切塊，以及帶皮微拍過的大蒜20粒，再烤到蔬菜表面萎縮變乾。

3. 倒入1瓶米酒，一方面藉熱度揮發酒氣，也將盤底烤焦的精華洗起來。

烤完骨頭，必須用米酒把烤焦的部分洗下來，做為精華使用。

4. 將所有材料倒進大湯鍋裡，加生牛油600公克、黃豆芽600公克、香菜頭120公克、月桂葉18片、甘草1/4碗，白荳蔻25粒，並加水45公升，先大火煮滾，再轉小火熬煮8至10小時，不必加蓋，中途記得隨時打撈浮沫。

經過10小時的慢火燉煮，牛骨高湯色澤清澈，不輸外國的澄清湯。

很多學生指定要學保師傅的牛肉麵，懂得清燉和紅燒，就能變出多種吃法。

川味原汁牛肉

■材料：

牛肉10斤（6公斤）、花椒4大匙、白荳蔻24粒、蔥8支、薑120公克、粗蒜末1飯碗多、寶川辣豆瓣醬6大匙、三豐黑豆瓣醬8大匙、米酒適量、醬油1又1/3碗、鹽巴和味精少許，以及紅辣椒1至2根。

■作法：

1. 起油鍋，以中火炒香花椒、白荳蔻，再用濾茶包做成香料袋。

2. 再起油鍋爆香蔥段、拍碎的薑塊、蒜末等，放入牛肉塊，先煎香，再翻動，直到牛肉收縮，肉色改變。

3. 加入寶川辣豆瓣醬、三豐黑豆瓣醬拌勻出香，淋入米酒、醬油後等待滾沸釋出香味，再翻拌均勻。

4. 加水直到淹過牛肉塊，再放進拍扁的紅辣椒與香料袋，開大火煮滾。

5. 加鹽巴、味精、醬油等調整味道，再壓上一個大盤子，把牛肉塊壓進湯汁裡，加鍋蓋、轉小火保持滾沸。若使用的是進口牛腱心須滾沸60至80分鐘，若選用台灣本地牛，時間加長到2至2.5小時，直到肉塊變軟入味為止。

辣豆瓣醬與生牛肉塊充分翻炒，直至肉塊變色收縮，是紅燒牛肉的美味秘訣之一。

保師傅的川味紅燒牛肉麵，不必花三天三夜，只要精確掌握細節與火候。

 組合

 變化

川味紅燒牛肉麵：麵碗裡放進磨碎的薑蒜泥、醬油、鹽巴、味精適量，沖入滾沸的牛骨高湯（六成到七成）、川味原汁（一至二成）、燙好的麵條、牛肉塊、燙好的青菜，撒上蔥花、蒜苗與香菜均可。

乾拌川味牛肉麵：碗裡放蒜泥、牛骨原汁、香油、胡椒粉、醬油，放入燙好的麵條、燙青菜、蔥花，鋪上川味牛肉即可。

清燉牛肉

1.帶白筋的台灣牛腩切大塊，汆燙後取出放進牛骨高湯的鍋中，大火滾沸再轉小火煮2至2.5小時，再取出泡冷水20分鐘，或覆蓋濕布備用。

（泡冷水的目的是快速降溫，不讓熱牛肉在空氣中迅速揮發水分而變黑變乾）。

2.牛肉切厚片，加入牛骨高湯、台灣魚露、紹興酒、鹽巴、味精、白胡椒粒，以及香菜梗與蒜苗，湯頭嘗起來比平常喝的湯要鹹3倍，開火煮滾10分鐘，關火加蓋浸泡，牛肉的味道就跑出來。

組合

清燉牛肉麵：碗裡放進磨碎的蒜泥、鹽巴，台灣廣生魚露或鬼女神牌味原液，沖入牛骨高湯和牛肉鹹湯，擺進燙好的麵條、燙青菜，蒜苗花，鋪上牛肉。

清燉牛肉的美味關鍵在牛肉，紅燒牛肉可用進口，清燉最好選國產。

變化

沙茶牛肉粉絲：如同鍋燒麵的做法，起油鍋先爆香蒜末，加入沙茶醬、醬油、紹興酒炒香，加入牛骨高湯，鹽巴，再把湯倒進碗中，對上牛肉原汁，加入燙好的粉絲、燙青菜、清燉牛肉塊、撒上蒜苗末。

只要是做清燉牛肉，一定到東門市場找萬國牛肉買台灣牛。

保師傅的清燉牛肉麵，帶筋夾肉，展現台灣本地牛的魅力。

保師傅從清燉牛肉變化出來的沙茶牛肉粉絲。

小配角，大功臣

牛肉麵專用紅油

■榨牛油：生牛油3公斤，切成小丁，放進600公克的花生油裡，以小火慢慢榨油。（牛油難榨，必須以油煉油。）

■A＝乾鍋中火炒燈籠椒半碗，直到辣味跑出來。

■B＝再乾炒大紅袍花椒半碗，同樣炒到香味釋放。

■C＝材料A+材料B+白荳蔻8粒+八角4粒放入果汁機打成細末狀。

■D＝材料C+細辣椒粉600公克、白芝麻3匙、月桂葉5片，全部放進有深度的大盆裡。

■E＝起油鍋，炒香辣豆瓣醬120公克，待油變紅時，倒進材料D裡。

■F＝取3公斤牛油燒至攝氏170度，熄火，放進拍扁的蔥3支、拍扁的薑1小塊與香菜梗50公克，炸

香後撈出，再將熱油一杓杓淋進材料D裡（小心熱油滾沸），並用長筷子將香料結塊攪散，浸泡2小時即成。

牛肉麵有專用牛油辣油，煉製要特別小心。

擠去澀水、乾鍋翻炒，讓酸菜吸味吸油，又不干擾了牛肉麵。

炒酸菜

很多人炒酸菜，不是太酸就是太濕，這是未掌握炒製要訣所致，還有人加糖調味，根本弄錯了酸菜在牛肉麵裡扮演角色，使得酸菜擾味又壞味，而非吸油又提香。

1、選客家酸菜先試味道，若太鹹則水洗浸泡，瀝乾後切成粗粒或短絲。

2、下鍋前，切記要擠乾水分（除了用雙手外，可裝進紗布袋或用乾淨抹布絞乾），再用中火、乾鍋，耐心翻炒到酸菜香味散發即可。

煮麵條

保師傅偏愛細麵條，水滾下麵，讓麵條均勻散落，待水滾加入半碗冷水，再滾沸，再加水，即撈起，就是外省人所稱「最標準的硬麵」。

水滾下麵，水再滾，加進半碗冷水，即「點水」。點水一次後再加半碗冷水等滾沸，就是「二次點水」。

•Part 3
粥粉麵飯，誰不愛

糙米排骨粥，一碗收君心

老公說，那是一次口角之後，兩人和好的滋味。可是我對吵架卻沒有印象，只記得這位自稱不挑嘴、很好養的大師傅，第一次稱讚我從娘家帶回來的食物好吃。

小時候我有腳痠的毛病，兩隻腳像吃了酸梅的軟牙根，站坐躺都不舒服。照顧我的阿嬤和阿姨，只要聽見我喊腳痠，便會熬煮糙米排骨粥，說喝下這粥，可以補充鈣質，快快長大。

那天回娘家，媽媽剛熬好一鍋糙米排骨粥，我稀哩呼嚕吃下兩大碗公，覺得這粥跟小時候吃的不太一樣。

原來家裡人都愛吃粥，但每個人最愛的都不同，例如姊姊喜歡粥底稠厚、妹妹偏愛蔬菜軟爛、爸爸要吃滋味濃郁，所以娘家的糙米排骨粥為了討全家人的歡心，變成了升級加強版。

打包一小鍋，帶給老公吃，內心以為如此粗鄙的食物，一定入不了這位大廚的眼，沒想到他跟我一樣，稀哩呼嚕、埋頭苦幹，轉眼間吃光光。

他露出滿足的微笑，從嘴裡吐出：「好吃，真好吃！」我很吃驚，因為是第一次聽到他誇講我娘家的料理好吃。

之後我又煮了幾次，他開始挑三揀四，總覺得滋味沒有我娘做的好。

這是當然的，我最愛入口即化的紅蘿蔔，他喜歡吃燉爛在米裡的高麗菜，所以兩種蔬菜都增量，但我不像我媽，使用大量帶肥帶肉帶軟骨的排

滋味樸實的糙米排骨粥，有我愛吃的紅蘿蔔，我
先生喜歡的高麗菜，以及在肉湯中滾沸超過一小
時，吃起來有渣渣感和淡淡香的糙米花。

骨去熬煮粥底，我煮的糙米排骨粥是清爽改良版，因為想吃下很多碗，下
料就不能太肥膩，這完全為了我老公的健康著想。

　　但不管是童年複刻版、升級加強版，還是清爽改良版，糙米排骨粥教人
百吃不厭，包括我的山東老爸與大廚老公，而且這粥補充的不只是鈣質，
而是對家人的愛。

王家的糙米排骨粥

■準備：

　豬龍骨1斤（600公克）、糙米1.5杯、水約12杯、紅蘿蔔2條、高麗菜葉6片、鹽巴。

■作法：

1.大鍋水沸，放糙米入鍋煮20分鐘。

2.龍骨汆燙洗淨，加進鍋裡，再煮20分鐘。

3.紅蘿蔔去皮切滾刀塊，也放下去煮30分鐘。

4.糙米開花，粥轉濃，放鹽巴調味，再把高麗菜撕成大塊壓進去煮軟，熄火加蓋燜10分鐘即成。

所有蔬菜裡，我最愛吃紅蘿蔔，因為從小眼睛就不好，聽說吃紅蘿蔔眼力會變好，所以就愛吃。經常切細絲，先用蔥段爆香，再燜煮到軟燜，去除臭腥，拌飯來最好吃。

小時候拍的全家福照片，裡面的人都愛吃糙米排骨粥，但每個人喜歡的味道都不同，有人愛濃，有人喜淡，所以家傳糙米排骨粥沒有一定的配方比例。

■烹調要訣：

1.糙米黏性不如白米，提早下鍋釋出澱粉，可包覆排骨不致變老乾柴。

2.紅蘿蔔與高麗菜的比例很隨興，保師傅愛吃肉，不愛啃骨，有時會添加子排，或臨起鍋前加些瘦肉塊。

3.以中火保持滾沸，避免糙米黏鍋燒焦。

飯，該怎麼炒？

不是限制級，是很認真問我老公保師傅：飯，該怎麼炒？

正經八百的他，壓根就沒想歪，在教我炒飯之前，先把幾個炒飯類型細說分明。

台式蛋炒飯：路邊海鮮攤的炒飯為代表，蔥花或洋蔥先爆香，搭配炒肉絲或火腿丁，雞蛋要用豬油炒得很香，起鍋前噴醬油、撒白胡椒粉。

湖南炒飯：重點在湖南煙燻臘腸或臘肉，另加朝天椒、豆豉末、辣油、辣豆瓣醬，以及蒜苗等，調味不靠鹽，而是臘肉臘腸的鹹。把飯炒散炒香，炒到很熱很乾時，再放辣豆瓣醬，快火翻拌，既辣且香。

揚州炒飯：以前的揚州炒飯沒那麼複雜，就是蝦仁、肉絲、蛋炒飯加青江菜，是很上海式的，不像現在，炒飯裡有海參、雞粒、筍丁、豌豆，瑤柱絲、火腿等。

蛋分兩次下，第一次是先爆炒，第二次是飯快炒好了，再淋下拌勻變嫩蛋，蔥花也分兩階段下鍋，一開始用於爆香，起鍋前撒下生蔥，大陸官方曾為揚州炒飯制定國家標準，其實用講得很神，但炒起來並不香。

上海炒飯：與傳統的揚州炒飯相同，起鍋前加入青江菜絲或菠菜段，算是用炒的菜飯，也加肉絲與蝦仁。

廣東炒飯：加進西生菜絲、叉燒、燒鴨等熟料炒製。另有金銀蛋炒飯，雞蛋不打散，直接下鍋炒出明顯的蛋白與蛋黃，也是廣東炒飯常見的特色之一。

超級愛吃炒飯的保師傅記得，有一次在某餐廳做得不開心，臨走前下廚炒了一大盤飯來吃，並叫老闆開
單，之後付錢辭職走人，連離職前都要吃炒飯才甘心。

另有鹹魚雞粒炒飯，鹹魚煎過、去刺捏碎，並留下煎魚臭油，再加雞粒拌炒。還有有錢人愛吃的蛋白瑤柱炒飯。以上炒飯，蔥全不爆香。

福建炒飯：其實不是福建的炒飯，而是廣東人發明的，先炒出普通的蛋炒飯，再淋上廣東炒麵的蠔油燴汁，配料有：肉片、花枝、蝦仁、叉燒、蔬菜、筍片、香菇等。飯炒好了先進蒸籠蒸30分鐘，油會滲出來保護飯粒，澆上去的燴才不會讓飯糊爛。

撈飯：屬於炒飯的一種，最有名的是魚翅撈飯與鮑魚撈飯。先用蛋白炒飯，控制鹹度為正常的一半，炒飯也要覆膜蒸30分鐘，讓飯變Q。蔥爆香，用鵝掌汁（即鮑魚汁）加蠔油調味，加高湯，放進過油的蝦仁丁、煮熟的干貝丁、紅燒好的鮑魚丁、蒸過的瑤柱絲，燴在一起，勻一點兒薄芡，再把飯拌進去，以汁撈勻。由於汁只有飯的一半，所以不會濕糊。通常不會單吃海鮮撈飯，而是點用砂鍋魚翅或紅燒鮑魚，再搭配撈飯。

青椒牛肉絲炒飯：二、三十年前在西餐才吃得到，牛肉絲醃上醬油、蛋液和太白粉，炒熟先取出，用牛油炒洋蔥、青椒、白飯，調味為胡椒與鹽巴。小火炒鬆、大火炒香，再從鍋邊淋上美極鮮味露噴香。

盛盤也講究，盤子裡先放一半炒飯，剩下炒飯與牛肉絲拌炒後，扣在最上面，看到很多肉絲，賣相比較好。

全世界只有揚州炒飯有國家標準，然而到揚州吃炒飯，滋味卻不如預期，並不香。

■大廚老公與記者老婆的Q&A：

Q：為了炒飯，有必要特別煮飯嗎？

A：有，煮飯的米水比例為1：1，甚至是1：1.1，但炒飯用的白飯，剛好反過來，米水米例為1：0.9或1：0.95，稍微乾，好炒不黏鍋。

Q：炒飯該用冷飯、熱飯，還是冰過的飯？

A：最好用翻鬆又吹冷的現煮白飯，米粒飽滿易吸味。熱飯帶有水蒸氣，炒起來不香，最差是冰過的飯，雖然是一粒粒，卻是乾硬難炒熱。

Q：聽說炒飯加酒能讓口感更好？

A：沒錯，起鍋前，沿鍋邊淋米酒，快速拌勻，能增加米飯的蓬鬆度。

最後還是回到，「飯，該怎麼炒？」

哪一種米炒飯最香？市面上最乾爽的米是泰國進口米，最香的台灣益全香米，而名店鼎泰豐炒飯所用的米，則是出自台灣西岸的正新牌台梗九號。

路邊攤的台式炒飯

■主配料：蒜味香腸煎熟切丁，或火腿丁先爆炒。

　豬油爆炒蔥花加洋蔥→倒進打散的蛋液（以上皆用大火）→入主配料拌勻→加入已翻鬆的冷飯（轉小火）→調味（鹽巴、白胡椒粉、味精）→再炒鬆炒透（先小火後大火，讓油收進飯裡）→沿鍋邊噴醬油→起鍋

香腸和火腿是台式炒飯的神來一筆，沒有添加就不夠台。

台式炒飯著重路邊攤快炒的鑊氣，所以爆香、煎蛋、炒飯都要帶點兒焦。

蛋液在下鍋前，加一點兒醬油提味，是台式炒飯比別人更香的秘密。

路邊攤的台式炒飯，帶有蒜味與甜味，還有更多的爆香與焦香味。

江浙式的外省炒飯

■■主配料：肉絲抓碼*、蝦仁漿過，分別以不沾鍋炒散炒熟。

　　豬油起油鍋→倒進蛋液炒到九分熟（以上用大火）→放飯（轉小火）→
調味（鹽巴、味精、白胡椒粉）→撒蔥花→炒鬆炒透（先小火後大火）→
入主配料拌勻→起鍋

*抓碼，加蛋白或清水，以及醬油、太白粉
　抓拌均勻。

外省炒飯最大的特色是雞蛋入油鍋才打散，蔥花
不爆香，而與白飯拌勻。

蝦仁蛋炒飯是外省炒飯的代表，沒有明顯蔥香與蛋香，反而更襯蝦仁與白飯的本味。

掌握技巧，在家也可以炒出類似名店的外省炒飯。

西餐廳式的青椒牛肉絲炒飯

■主配料：青椒絲稍微用油炒過，牛肉絲抓碼，以不沾鍋炒散炒熟。

　　豬油加奶油起油鍋→爆炒洋蔥至焦→放飯→調味（鹽巴、味精、黑胡椒粉）→炒鬆炒透（先小火後大火）→入主配料拌勻→美極鮮味露數滴→起鍋

青椒絲與抓碼牛肉絲都先油炒，再與炒到鬆、調過味的白飯混合、翻拌、即起。

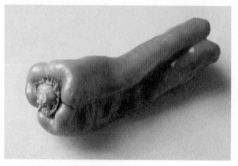

青椒最美味的吃法，莫過於炒肉絲。

黑胡椒粉為青椒牛肉絲炒飯帶來洋風。

想吃綠油油的燜菜飯

　　十幾年前曾跟前輩記者周梓萱的媽媽諸杰女士，討教上海菜飯做法，這位上海老媽媽拿出炒菜的黑鐵鍋，加入少許油、微調菊花火（即小火），淅瀝嘩啦炒黃豆，當豆子的顏色由黃轉褐，嗶剝聲由徐變急、低變高時，抓起A菜入鍋拌炒，然後放米、加水、落鹽，直到水沸騰，她開口提醒：「蓋鍋蓋前，記得要用筷子戳一戳米，打了氣孔，飯就容易熟。」

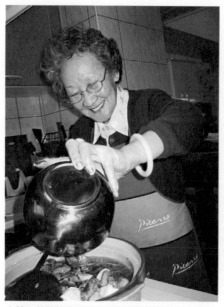

十餘年前跟前輩記者的母親周媽媽諸杰女士學做上海菜飯，學到的技巧用於所有中西燜飯，受益良多。

年輕時曾在西門町經營百貨公司的周媽媽，燜起菜飯慢條斯理，絕不急躁。

自從學會了周媽媽燜菜飯的方法，所有燜飯一體適用，包括西班牙海鮮飯，米質更柔軟，保師傅也愛吃。

　　雍容華貴，氣質出眾的周媽媽，慢條斯理燜菜飯的模樣，讓我留下深刻的印象，再加上這是我第一次，也是唯一一次吃到素的A菜飯，雖然她一直推說不太會做飯，但燜菜飯的小撇步不少，還記得她在鍋蓋上加了一條濕抹布，說是替鍋蓋增重，熱氣不易竄出，菜飯比較好吃。

　　之後周媽媽燜菜飯的招數被我充分運用，西班牙海鮮飯、香料雞肉飯、廣式臘味飯全用這招，有一陣子我好喜歡做傳統的青江菜飯，素改葷，加了雞油、蝦米、蔥花、香菇、金華火腿，花四十分鐘由生變熟，燜出一鍋熱呼呼還帶鍋巴的上海菜飯，這也是我個人認為，青江菜最美味的吃法。

　　「可是我不喜歡葉子黃黃的，燜那麼久的菜飯。」我先生保師傅默默吃了幾年，終於有一天表示他想吃綠油油的菜飯，「菜葉黃有什麼關係！你不覺得忠於傳統很好嗎？」我以為外面館子的菜飯很油膩，青江菜還不脫

青江菜要切絲,一開始難倒了我,結果發現只要整齊排列,便可順利切成絲。

坊間的菜飯,青江菜總是以丁或末呈現,但保師傅堅持切絲的更有存在感,而且更好吃。

第一次學做菜飯,跟著周媽媽學習,使用的是A菜與黃豆,滋味與平常熟悉的菜飯截然不同,而且要有更大的耐心慢慢爆炒黃豆,這也是唯一一次吃到的素菜飯。

我問保師傅,切丁到底是多大?他回答:青豆仁般大小。真的非常具體,你也有概念了嗎?

江浙人很愛用鹹肉，或稱家鄉肉入菜，但家鄉肉跟金華火腿一樣，要久蒸才能出味。

保師傅用微波爐快速萃取家鄉肉的滋味，先切小丁，再汆燙，然後加熱水，封保鮮膜，進微波爐打一至二分鐘，即可柔軟鹹肉，取鹹汁。。

生澀，看起來就是炒飯、拌飯，不是燜的菜飯。

雖然表面上一意孤行，但內心也覺得從生燜至熟的菜飯，很容易飄出剩菜味，縱使極力維護，一大鍋菜飯八、九成塞進我肚子裡，顯然很少挑嘴的老公用行動表明不捧場。

自從一頭熱的燜菜飯被打槍以後，我上市場幾乎不碰青江菜，沒想到幾天前保師傅居然買了幾把回來，我裝作看不見，任其躺在冰箱裡直到切頭變黃，但最後終於忍不住，要求老公教我做「綠油油的菜飯」。

烹煮菜飯，蝦米不可少，但蝦米出味不容易，得先泡水，再浸酒，最後用乾鍋烘乾，讓鮮味出，腥味跑。烘乾程序也可藉助微波爐。

這是黃色的菜飯，也就是把青江菜跟白米一起燜煮的菜飯，菜葉看起來雖然黃，吃起來很有味道，而且隔頓蒸食，老味更濃郁，只是保師傅不愛。

「你不要做成炒飯，也不能拌得太油，還有青江菜絕不能變黃，飯裡要有菜香。」我嘀嘀咕咕，保師傅揮了揮手要我閉嘴，像回到五星級飯店後場指揮小徒弟一般，吩咐我備料切菜。

一斤(600公克)有餘的青江菜，一葉葉剝開，仔細洗淨菜梗上的細砂，浸泡、瀝乾，六、七片疊成高高一落，抽起二月初在台南鹽水小鎮「泉利打鐵」老舖新買的菜刀，小心翼翼把高塔斜切成絲。

「為什麼不學外面餐廳，把青江菜切成米粒般大小？」

「哎呀，妳別囉嗦，切絲又好看又好吃又入味，相信我吧。」

三杯花蓮銀川鮮採有機米在大同電鍋裡嘟嘟囔囔，兩根青蔥細切成花，一邊發漲六朵乾香菇，另一邊把一湯匙的蝦米先過水略沖，丟進鍋裡再滴入少許紹興酒，開小火煮至酒氣揮發，驅腥喚鮮，讓蝦米瞬間回魂。

「蝦米剁幾刀，別太碎，香菇切成青豆仁兒大小。」保師傅又發號施令，直到電鍋也閉嘴，開關彈起來，他才捲袖進廚房。

「準備鹽巴、醬油和白胡椒粉，開始做菜飯嘍！」

這麼一大鍋綠油油的燜菜飯，我一個人吃掉大半鍋，直到老公叫我停，我才悻悻然擲筷住手。啊，實在太好吃了！。

　　一開始就是炒青菜，保師傅按部就班毫不馬虎，用雞油起油鍋，爆香青蔥、蝦米、香菇（還可加熟金華火腿丁、熟湖南臘肉丁、熟廣式臘腸肝腸丁），放入青江菜，趁鍋子還很熱時，沿鍋邊淋進紹興酒，將青菜翻拌均勻，見菜變軟，加一丁點醬油、少許鹽巴與白胡椒粉調味。

　　「拿白飯來，拌一拌，開火，加蓋，燜三分鐘就可以吃了。」原來綠的菜飯真是拌飯，「不對，如果只是拌在一起，菜和飯沒有真正擁抱，一定要燜才能滋味融合。」

　　吃了一碗又添一碗，綠油油的菜飯令人難以節制，可是總覺美中不足，因為少了直火燜煮的鍋巴。「要鍋巴還不簡單，把拌好的菜飯倒進抹油的砂鍋裡，加蓋開中火，聽到輕微嗶剝聲，聞到淡淡焦香氣，就是帶鍋巴又綠油油的燜菜飯！」

大費周章陽春麵

邀請同輩的朋友來家裡作客，保師傅開出的菜單竟是——陽春麵。

別鬧了，要請客人在家裡吃陽春麵，還不如帶客人到附近吃切仔麵。哎喲！陽春麵，什麼料也沒有，請客好意思嗎？

「難道妳不懷念小時候吃的外省陽春麵？熱呼呼的高湯沖出豬油香、蔥花香與醬油香，白麵條伴著綠青菜，現在都吃不到這一種陽春麵了。」

經他提醒，我想起了陽春麵與切仔麵的不同，小時候吃的陽春麵如此單純，而切仔麵則是油蔥酥或豬油渣飄香，一定要附上兩片小小鹹鹹的白切水煮瘦肉，如今陽春麵與切仔麵根本分不清，陽春麵加油蔥酥還換上黃麵條，切仔麵不給肉變陽春，真的好久好久沒有吃到懷念中的外省陽春麵。

請客前兩天，大廚老公先買生豬油、榨取豬油，搞得整個房子都是豬油香，忍不住想吃豬油拌飯。請客前一天，他又跑去南門市場，說要買麵條、青蔥和小白菜。老實說，有時候我有一點受不了我先生對食材的吹毛

保師傅請朋友吃陽春麵，前一天便開始熬高湯，一碗陽春麵的成本非常驚人。

118

求疵，以前住在南門市場附近，買菜上南門理所當然，如今早已搬離，他還是吵著要吃南門市場阿萬的蔬菜。

阿萬蔬菜攤的蔬菜是專業管理、精挑細選、去蕪存菁、種類繁多，本地進口皆齊全，新鮮又沒泡水，擺在冰箱一周也不會爛，但價格也比別人貴二成以上。然而看在要請客的份上，不想出面阻止，果不出其然，保師傅拎回來了兩大包蔬菜，裡面還有大青江、小松菜、西洋菜、山芹菜、還有天津栗子、寧夏白果、日本百合、韓國鮮參等等，一下子塞爆了兩個冰箱，全是他的最愛。

買完菜，忙熬湯，洗汆煮、撈雜質、去浮油，從下午忙到天黑，足足花了六、七個小時還沒熄火，原來看起來簡單的陽春麵，如此大費周章。

豬前腿加後腿再加排骨肉，全是沒油脂、不帶皮的瘦肉，還放了老母雞，一鍋水足有半鍋料，維持小魚眼兒泡的火力慢慢熬上六個小時。

請客當天，煮熱水、沸高湯、下麵條、燙青菜，陽春麵妝點上桌，這群年紀差不多的朋友，對陽春麵存在共同的美好記憶，今日在我家重新回味，大家七嘴八舌、興奮不已。

保師傅煮陽春麵的陣仗也很誇張，取出數個小碗，盛裝調味料，把廚房當麵攤，以匙調味、以杓取湯，好像小時候看到外省老伯伯賣麵的模樣。

保師傅的升級版陽春麵，高湯清澈鮮醇，把主配角的滋味擴散放大，層次感變得極為豐富，是麵中極品。

「咦，哥哥，你是不是抹了乳液，為什麼陽春麵裡有一股花香？」喝下一口湯，吐出一縷香，我老公精心烹煮的陽春麵，居然出現我從未嘗過，如田野般清新的氣息。「是小白菜啦！不是，是青蔥啦！」朋友間你一口、我一口，想要確認香氣來源。

露出一臉得意的保師傅說：「就說要去阿萬買好菜，妳不信，現在知道厲害了吧！」

保師傅的升級版外省陽春麵

■製湯：前腿或後腿沒有油脂的瘦肉2公斤、沒有油脂的梅花排骨1公斤（或用無骨瘦肉，湯頭更甜）、老母雞或帶骨雞胸肉2公斤、清水10公斤。若是做生意考慮成本，可改用多肉的排骨3公斤、雞骨和雞胸肉各1公斤。

清水煮沸，放入汆燙洗淨的肉，大火煮滾，即轉小火，維持魚眼泡的狀態，經6小時取出原湯。原材料再加5公斤清水熬6小時，再取二湯。

■煮麵、調料、組合：

1. 清水沸、高湯也沸，兩鍋同時準備。

2. 取碗公，放醬油、豬油、蔥花、鹽巴、味精，沖入高湯，撒一點白胡椒粉。

3. 下麵，點水*第二次，不待沸，即撈起盛碗；燙青菜，只取小白菜葉，入熱水變色即起，亦入碗。

煮麵從製湯開始，為求湯清味醇，維持滾不滾的火力，將骨肉精華逐漸釋出，成就陽春麵最重要的高湯。

使用10公升大鍋，加入一半材料與一半清水，熬煮6小時所瀝出的高湯只剩這麼一鍋而已，可說是滴滴珍貴啊。

外省陽春麵吃的是硬麵，先點水一次，再沸再點水，即可撈起，絕不軟趴趴。

如果你跟我們一樣，是四五年級生，不知道是否跟我們一樣，懷念小時候外省伯伯做的陽春麵。

*煮麵與點水

水滾下麵，水再滾，加進半碗冷水，即「點水」。

湯麵：點水兩次，第二次點水，不待滾，即撈出。

乾麵：點水兩次，第二次點水，需滾沸，再撈出。

煨麵：點水一次，水滾即撈出，並置水龍頭下洗去黏性，再入高湯煨。

超級囉嗦炸醬麵

　　有一天保師傅心血來潮，說要炒炸醬給我吃，我嗤之以鼻，「嘿，我再怎麼飯桶，好歹也是山東大妞，娘家冰箱什麼沒有，肯定有一碗炸醬，等著我老爸吆喝著要吃，我老媽轉身進廚房，十分鐘就能端出麵。」

　　「妳家炸醬能吃冷的嗎？」保師傅露出賊笑。

　　「冷的？怎麼可能，炸醬表面結著一層厚厚的白油，要吃當然要回溫加熱，哪有可能吃冷的！」

　　「妳笨頭笨腦當然不知道，冷炸醬是我在十年前設計涼麵宴時所想到的，冷香的秘密武器在雙酥。」

　　「什麼豬？」

　　「是油蔥酥和蛋酥啦！」

保師傅的冷炸醬，加了關鍵兩香，一是油蔥酥，一是炸蛋酥。

炸油蔥酥有技巧，一是炸油不能太冷，否則炸不酥；二是見色轉黃變酥，便要撈起，否則起鍋後就太焦太苦。

炸蛋酥要利用漏杓，將蛋液慢慢搖進熱油鍋裡。

冷炸醬其實冷熱皆宜。

保師傅的冷炸醬

■備料：

生紅蔥頭150公克、豬絞肉1斤（600公克）、小黃豆干5片、蝦米40公克、蛋黃3粒、4根蔥切粒、黑豆瓣醬2大匙多、高雄岡山黃豆瓣醬1大匙多、蠔油或醬油膏1大匙、紹興酒5大匙、胡椒粉、糖、水1碗。

■作法：

1.豬絞肉可選的胛心肉，雖然瘦，滋味好，亦可使用五花肉，但肥肉不可太多。

2.蝦米40公克用紹興酒泡濕，以乾鍋烤香，再切碎成米粒狀。小黃豆干亦切成米粒狀。

3.燒一鍋熱油，先炸紅蔥頭變酥狀轉色即瀝起、小黃豆干微炸即起。

4.炸蛋酥：將3個蛋黃打勻，倒進有孔的漏杓，並高高舉起，使蛋液細細漏進油鍋裡，先不要攪動，待高溫炸到油條般色澤，再撈起放涼。炸蛋酥會冒出很多泡泡，所以最後下油鍋。

5.鍋裡留少許油煎絞肉，兩面煎成漢堡般焦黃，再炒開、炒香備用。

6.另起鍋，爆香蔥粒，把蝦米等材料全部倒入，加入黑、黃豆瓣醬和蠔油，並以紹興酒熗鍋炒香。

7.加水、糖、胡椒翻拌，加蓋燜5分鐘，收汁即起。加了水煮，味道才能融在一起；加了蓋燜，顏色才會變亮。

會做炸醬的人，就知道我老公的冷炸醬有多麼囉嗦。不會做炸醬的人，看了我公布的，就知道平常在家做的炸醬有多簡單。

王家的山東炸醬

■備料：

五花絞肉、蔥花、蝦米末（或烏魚子末）、黑豆瓣醬、甜麵醬。

■作法：

1.用很多油起油鍋，認真炒香絞肉。

2.把絞肉推到鍋子的一邊，用另一邊爆香蔥花、蝦米。

3.聞到香味，見到快焦，放入兩醬，炒散出味。

4.將鍋裡的材料大混合，中火滾沸直至油醬分離。（若覺得太乾，再加些油。）

5.試味，調整即可。

真善美牛肉麵的宋老闆送來兩罐陳年蠶豆瓣醬給我，滋味臭香，拿來炒炸醬最夠味。

現在的豬肉含水量高，炒絞肉最好先煎後炒，否則炒不香。

我父親教我做的山東炸醬麵，經過我娘修改，做法更簡單。

很棒吧！

山東炸醬就像山東人直爽的個性，絕不拖泥帶水，而且一氣呵成，連鍋子也不用換、不必洗，不過這招是我媽改良的，煮了一輩子飯的婆婆媽媽，能省則省，多洗一個碗都嫌麻煩。

其實我嘴硬不說，保師傅的冷炸醬被我分批冷凍起來，想吃就移一包到冷藏室，完全解凍後與熱麵條拌在一起，有點熱度，香氣更勝，滋味不凡。

雖然跟我老爸的傳統炸醬比起來，瘦肉嚼起來真的比較硬，可是醬香濃厚、風味多元，縱使加進不少跑龍套的配料，冷炸醬仍不失本性。

懷念中華商場的
榨菜肉絲乾拌麵

　　年紀大了，就愛說從前，我們四、五年級這一代的美食記憶少不了中華商場。

　　小時候住在北縣三重，爸爸經常開著裕隆大車載著全家人跨過中興橋，到中華商場清真館或點心世界打牙祭。而我先生保師傅小時候就住在開封街，在他眼裡，中華商場像一個大觀園，也是遊樂場，開啟許多美食初體驗，說起來更是滔滔不絕，「就算一碗榨菜肉絲乾拌麵也不一樣，小時候沒吃過如此調味的，不只是醬油和豬油拌一拌。讀國中時自己跑去吃，民國六十幾年出社會後也經常跑去吃，福州人做的不一樣的乾拌麵。」

　　保師傅最愛中華商場的吃，一是第六棟的點心世界，二是第五棟二樓四通八達的天橋邊蔥餅，這條天橋可通往真善美和成都楊桃冰，電影《英雄本色》由周潤發飾演的小馬哥，也在這裡取過景。點心世界與清真館的記憶，保師傅和我一樣，都是伴隨父親而來。

　　「爸爸常帶我吃點心世界，但只點豆腐腦、排骨麵和韭黃鍋貼。同樣在第六棟非常有名的清真館，是我出社會後，敢吃牛肉時才去嘗試，吃的是牛肉蒸餃，但餃子卻是煮的，裡面兜著一泡湯像湯包，水打得多，個頭比普通水餃大，胖嘟嘟的，搭配羊雜湯和牛雜湯或羊肉泡膜，或來一盤白滷的牛腱肚筋或羊雜，至於二樓的真北平，我比較少吃，因為比較貴。」

　　至於蔥餅類似今日的胡椒餅，裡面包滿肥油與蔥花，但沒什麼胡椒味，外面沾芝麻，用鐵盤烤製，與小包酥的上海式蟹殼黃不同，皮沒有那麼油，蔥肉卻很油很鹹，個頭很大，一個賣幾塊錢，學生最愛吃，另外還有蓋紅印的古早漢餅，包白豆沙、綠豆沙或蓮蓉餡，藏著冬瓜糖或肥油丁，

中華商場的美食，已經消失殆盡，僅存點心世界在百貨美食街裡飄香。

甚至飄出咖哩味，咬下去拉出肉鬆絲，滿口酥香，至今難忘。

　　保師傅透露，民國五十五年間，在餐廳做大廚的父親買完菜便到新公園（現二二八和平紀念公園）運動，在開封街住家附近走出一條美食路線，而我公公最愛帶著我老公出去吃。

　　如今雖然美食消失殆盡，但滋味烙印心中。當時從開封街走到漢口街，經過泛美飯店，再轉進雪王冰淇淋的巷子裡，來到第一個小巷弄的福州陽春麵店，或是再往前走到第二個巷口吃鹹豆漿、飯糰、蛋餅。

　　要不，拐出去穿過賣水果和冰品的大巷口接上武昌街，右轉到第一家吃油炸的梅干肉嗲，一個賣一塊半或兩塊錢，否則就去第二家吃老頭子賣的生煎包和陽春麵。以前生煎包捏成小包子形狀，上面撒芝麻，而陽春麵的滋味與台中湖南味的一模一樣，「別的不記得，只吃這兩樣，真好吃！

哦,那麼香!麵有勁道,每碗兩塊錢,小白菜佐蔥花,還飄著豬油、醬油香。」他邊說邊吞口水。

都不想吃,就左轉去吃好味道的排骨大王,保師傅在小學二年級時就吃大碗的,特別愛吃不酸的酸菜。經過重慶南路、走上衡陽路、懷寧街口吃三六九小籠包、油豆腐細粉、雜籠 ,「我爸爸去公園打太極、耍劍,我坐在一邊看,很無聊,就吵著要喝酸梅湯,現場喝用玻璃杯,帶走用塑膠袋,或吃雙葉冰淇淋的葡萄乾口味,平常跟二哥去吃號稱有六十種口味的雪王冰淇淋,不過我們專點話梅、龍眼、鳳梨等本土口味。」

保師傅愛看電影,愛聽音樂,也拜這一大區所賜,當時中華商場有買「拉利哦」,就是收音機Radio,有的音響在唱盤下裝收音機與單一喇叭,而養成了聽國語、日本老歌的習慣。

「到西門町我最喜歡去吃國賓戲院附近的老董牛肉麵,還有新生戲院賣票口隔壁的老天祿油豆腐細粉和生煎包,吃完就買滷味、看電影,鴨腸、小豆干、牛腱、雞腿、雞翅、滷蛋等,我愛吃有肉的。」

保師傅還忘不了鄭州路上中興醫院正門對面巷子裡的蔥蛋餅,台灣師傅把煎鏟當長刀,將蔥油餅橫剖為二,用不著痕跡的手法將蔥蛋倒入、煎熟、合一的絕技,早成絕響。「賣餅的隔壁是一個退伍外省老頭賣的大鍋湯,大骨湯燉煮大白菜、油豆腐片與蛋花,沸火久煮,湯色奶白,一口湯一口餅,回味無窮。」記憶猶新,念念不忘,但老味道早已不復見!

梅林榨菜是大陸出口到海外的榨菜罐頭,醃漬久,風味陳。

切絲也要偷師一：仔細看保師傅的切絲手勢，菜刀與砧皮是平行，採一種橫批的手勢，先切出榨菜片。

榨菜出味法一：切絲、泡水、試味，勿太鹹，也不能無味。

切絲也要偷師二：榨菜整齊排列再下刀，不但粗細一致，也減少短絲亂末。

榨菜出味法二：取乾淨棉布包住榨菜，充份擠去苦澀水。

台灣榨菜最有名的是台南復興園，也可選大陸生產的，裝在罐頭裡的梅林榨菜，風味更陳更香。

榨菜出味法三：開中火以乾鍋炒榨菜，直到鍋中無聲，陳香溢出為止。

中華商場的榨菜肉絲乾拌麵

保師傅提示：中華商場第二或第三棟二樓，福州人賣的榨菜肉絲乾拌麵，使用的陽春麵有薄寬麵與細麵兩種。除了醬油、豬油以外，還加了大量的蒜末、白醋、味精、胡椒粉和煮麵水，吃起來很酸，很開胃，很適合沒胃口的夏天。

■備料：

1.選用最有味道，從大陸原裝進口的梅林牌四川榨菜罐頭，先對切，從下方橫批，再切絲，泡水3分鐘左右去鹹，試味，用布包起來擠乾水分，備約1飯碗份量。

2.豬腿肉絲或里肌肉絲約1碗，加醬油、冷水、太白粉、少許油拌勻，方便之後下鍋快速炒開。

3.筍絲半碗、蔥2根，切成0.8公分的小丁。

■做法：

1.乾鍋炒榨菜，火不能大，聽鍋內吱吱叫由急轉徐，而且香味散出，即可盛起備用。肉絲以不沾鍋加油炒開，炒到八、九分熟，熄火，加蓋備用。

2.起油鍋爆蔥粒，直至轉黃出香，入筍絲炒香，再放榨菜，加紹興酒、味精、胡椒粉，炒1分鐘加2大匙水，放肉絲拌勻，起鍋前再加1/4大匙的醬油與香油增香即可。

肉絲抓碼但加醬油、太白粉與冷水，其中太白粉要適量，以免肉味被封死。

肉絲抓碼再過油，吃起來不乾柴。

福州人早期在中華商場賣的榨菜肉絲乾拌麵，有
蒜泥與白醋的雙重嗆味。

煮出好吃的硬麵，要記住點水的技巧，乾麵點水
兩次，沸騰即起。

■煮麵：

水沸下麵，再沸點水（即倒入半
碗冷水），再沸點第二次水，見沸
即撈起。

■完成：

麵碗裡滴點豬油或雞油、白醬
油、胡椒粉，3粒以上的大蒜末，
很多白醋，以及少許煮麵水，先放
麵拌勻，再堆上榨菜肉絲即可。

冰箱裡存著榨菜肉絲，想變成湯麵也很簡單。

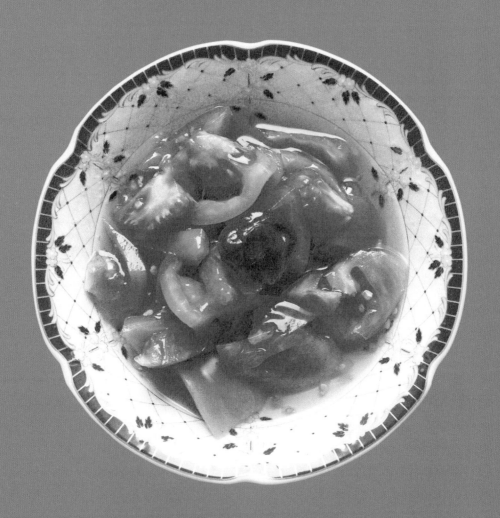

梅汁番茄，起死回生

　　在我的眼裡，我的大廚先生是偉大的。雖是小人物，但也有影響力。不是用個人魅力、大賺鈔票，而是他獨創了幾道料理，造成了流行風潮，進而影響了整個餐飲，例如：梅汁番茄。這道現在餐廳常見的開胃菜、網購熱門的小零嘴，吃起來甜酸多汁，就是大廚老公在民國七十年發明的。但很少人知道，獨領風騷的梅汁番茄，一度被禁賣，是客人的喜愛讓他起死回生。

　　民國七十年，保師傅出道已七年，剛到亞都飯店擔任冷盤師傅，當時的中餐廳不是以杭菜見長的天香樓，而是賣湖南菜的群賢閣。由於生意不佳，餐飲部的法籍經理朱里昂便將午間時段改成自助餐，要求自助餐檯必須供應多種冷盤，於是工作便落在保師傅的頭上。

　　「我看西餐的自助餐都有油醋番茄，但總是一碗出一碗進，銷路不好，忽然想到小時候在西門町戲院前面有兼賣醃芭樂、醃小鳥梨的水果攤，有

梅汁番茄的梅汁需要三天時間熟成。

保師傅的梅汁番茄因為客人的喜愛，而在天香樓起死回生。

一種番茄夾李仔鹹（蜜餞的一種）的吃法，用牙籤串起來，或一整包，吃起來一口一個，李仔鹹的甘口，讓番茄變好吃，所以應該可以做成沙拉，當冷盤小菜。」保師傅的腦袋裡有了點子，但覺得直接端出番茄夾李仔鹹太沒創意，又很local，而且兩者夾在一起很費工夫，於是想辦法改良。

隔天一大早去上班，第一件事把黑柿仔番茄切成滾刀塊，醃進白話梅、鹽巴，棉糖和白醋調勻的糖醋醬裡，直到十一點半隨著自助餐出菜而擺上餐檯，每天切十幾粒番茄，加半碗梅子，想來也就夠了。

沒想到經過一、兩個月，晚上上門的客人也要吃中午自助餐那一大碗的醃番茄，一開始礙於晚餐為單點，決定不供應，但詢問的人愈來愈多，哪有不賣的道理！所以到了晚上，保師傅也醃一大盆，當小菜來賣。

由於每天都得醃兩次，實在很麻煩，保師傅考慮大量製作的需要，所以研發新配方，一次使用五、六瓶的白醋，做成常備的常溫糖醋汁，客人想吃，切好番茄，淋汁即可端出。

然而民國八十年左右，中餐廳改賣杭州菜，並更名為天香樓，總裁嚴長壽要求小菜也要轉向，以江浙燒燴的為主，而且不要蒜、不要辣、不要麻，要與之前的湖南味截然不同，所以保師傅絞盡腦汁到處吃、到處看、到處請教，使盡渾身力氣，做出杭州味小菜。

　　「杭州最著名的小菜只有醬鴨而已，但我用醬鴨的方式來做醬豬腳、拿鎮江醋滷出酸豬腳、取大紅浙醋醃紅梅藕，炒發芽豆、漬蜜蘿蔔，做出火濛菱白筍、醉筍、雪菜百合蠶豆，連燒魚香茄子都改用鎮江醋，天馬行空但路線正確的小菜，打響了天香樓的名號。」保師傅讓天香樓的小菜獨樹一格，當時有不少客人表示，到天香樓就是吃小菜。

　　而梅汁番茄呢？嚴總裁說梅汁番茄不是杭州菜，上不了檯面，最好不賣，可是客人還是一直要吃，所以有人點，才供應，不過沒有放在菜單上，而且只要是總裁的朋友，就不供應，避免挨罵。

　　直到有一天，總裁夫人帶著一群貴婦上門，看到周圍的客人怎麼都在吃番茄？但她們從沒吃過，便招來服務生一問，同時也點了一份，並要求廚師出面說明。

　　「我創的梅汁番茄，吃法也特別，先用母匙舀起，再銜接到自己的湯匙，然後連著汁一口送進嘴裡，貴婦們一一照做，『哇，這番茄怎麼那

保師傅製作梅汁番茄的
秘密武器，是嘉義梅山
的紫蘇梅。

麼好吃！為什麼從來沒有介紹給我！』大家七嘴八舌之下，又追加了一盤。」

過幾天總裁召見，說：「阿保啊，梅汁番茄雖然不是杭州菜，可是很多人都很喜歡，那我們就賣了吧！」

又過幾天，梅汁番茄正式加入天香樓菜單的小菜譜之列，之後糖醋味的醃番茄大行其道，有人直接抄襲，有人改用小番茄，有人去皮，有人風乾，雖然味道或有差異，但始祖來自我先生，曾秀保所發明。

小人物也想對社會、人群有所貢獻，或許談不上立德、立功、立言，但當記者的我，努力提供有用的資訊與知識給大眾。而做廚師的他，除了做好菜，更希望料理得以傳承。食譜沒有版權，大家不知道梅汁番茄的故事，卻喜歡梅汁番茄的味道，而且廣為利用、創新，這便是保師傅最得意的成就之一。

保師傅的梅汁番茄

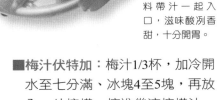

■**梅汁**：工研白醋3瓶共1800cc、棉糖3公斤、紫蘇梅連汁帶籽一罐800公克至1000公克、白話梅1尖碗，全部混合在一起，靜置室溫3天即可。

吃梅汁番茄要連料帶汁一起入口，滋味酸洌香甜，十分開胃。

■**梅汁番茄**：番茄切丁，淋汁即可。

■**梅汁伏特加**：梅汁1/3杯，加冷開水至七分滿、冰塊4至5塊，再放入一片檸檬、擠進幾滴檸檬汁，以及1瓶蓋的伏特加，攪勻。

糖心燻蛋，人人跟進

嚴總裁說：「阿保，糖心燻蛋的膽固醇太高，天香樓的客層年紀較高，不適合我們的客人。」

林副總說：「阿保，這燻蛋台灣沒有，又那麼好吃，一定要把它研究出來，到時候像滷蛋一樣一切四，客人就不會吃那麼多啦！」

民國七十九年間，經新聞界耆老卜少夫介紹，保師傅隨著總裁與副總到香港天香樓拜韓桐椿為師，正式接觸杭州菜。

某天晚上卜少夫做東，請大家到私人俱樂部「蘇浙會館」吃飯，順便觀摩有錢人愛吃的江南料理，「當時吃了好多菜餚，印象最深的是糖心蛋和醉鴿皇，在場所有人都喜歡外褐內白心稠的糖心蛋，唯一的疑慮是膽固醇會不會太高？」保師傅說。

回到台灣，立刻請廠商送來大量雞蛋，由於當時台灣沒有不熟的煮蛋法，日本拉麵也尚未流行，所以完全沒有參考的對象，保師傅只能古法煉鋼，一步一步自己摸索。

試了幾次，發現雞蛋煮不出效果，偶爾聽到有人說，鴨蛋的蛋黃比較紅、顏色好，保師傅便改叫鴨蛋來實驗。可是狀況並沒有改善，不但煮不出糖心，更糟的是蛋黃還跑到蛋白外面，一剝殼便露出蛋黃灰色的外層，賣相極差，糖心蛋遇上瓶頸，難以突破。

然而瞎貓也會碰上死耗子，保師傅說，有一天在電視上看到有人介紹白煮蛋不能用冰過的蛋，否則蛋黃不會在中間。這些話如醍醐灌頂，摸索了三個月，實驗了上千個蛋，終於茅塞頓開，掌握煮蛋要訣、火候與時間，

實驗了上千個蛋，保師傅無師自通，終於做出蛋白金黃，蛋黃稠厚的糖心燻蛋。

成功做出糖心燻蛋。

開賣初期，為預防客人怕膽固醇高而不敢點用，所以糖心燻蛋以一切四的方式擺盤，但一切四之後，蛋黃都流了出來，不但難看，切蛋的刀子也黏得要命，感覺很髒。後來保師傅決定直接切半，再請客人用湯匙挖一半吃，但客人哪捨得挖，半個蛋直接拿走，好吃到不想跟朋友分享，之後糖心燻蛋便以對開的漂亮模樣上桌。

保師傅表示，客人辦桌，要求八碟小菜中一定要配進糖心燻蛋、梅汁番茄、醬豬腳、酸豬腳等，剛開始糖心燻蛋一天做五十個，熱賣後每天固定做兩百個，跟天香樓最招牌的東坡肉一樣數量。

糖心燻蛋

■準備：

鴨蛋、鹽巴、白醋、醬油、滷汁、計時器、溫度計、大漏杓、長筷子。

1.沒有冰過的生鴨蛋，每個重量控制在75至82公克之間，煮水至沸騰，加入鹽巴與白醋，直至吃得出鹹味、聞得到嗆味為止，鴨蛋放進大漏杓裡，一次同時下鍋。

2.倒數計時6分30秒，見鍋內大滾，轉小火保持沸騰，用木鏟在鍋底畫圓，讓鴨蛋上下滾動，動作要慢要輕，小心鴨蛋破殼。

3.見時間剩下3分鐘，關火加蓋燜著。

4.時間一到，加入冷水降溫至攝氏75度以下，浸泡2分鐘。撈出蛋，再浸冷水10至15分鐘，敲殼、去殼、瀝乾。

5.把鴨蛋擺進鐵盤，倒進醬油，高度為蛋的一半，醃15分鐘後再翻面泡15分鐘。或是利用塑膠袋，倒入少許醬油，以滾蛋的方式，每五分鐘滾一次，滾四次便均勻。

6.滷鍋煮滾熄火，降溫至攝氏60度以下，鴨蛋浸入一個晚上。

7.找一鐵鍋，鋪上鋁箔紙，撒上砂糖、麵粉、茶葉、白米、月桂葉，架上鐵架、擺上鴨蛋，蓋好鍋蓋，開大火燒，見冒出的煙從白轉黃旋即關火，若熄火時間太慢，燻蛋染苦味便不好吃。

8.待冷卻、刷麻油、置一天，糖心燻蛋完成。

水煮鴨蛋得一次入鍋，避免同一批蛋出現不熟與過熟的狀況。

◀從小就愛吃蛋的保師傅，面對糖心燻蛋露出饞嘴模樣。

▼用鐵湯匙均勻擊破蛋殼表面，再入水，就容易去殼。

▲糖心的關鍵在掌握溫度，溫度計和計時器絕不能缺席。

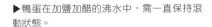

▶鴨蛋在加鹽加醋的沸水中，需一直保持滾動狀態。

一開始要在家裡製作糖心燻蛋，我感到很興奮，可是一聽到要燻，就覺得很苦惱。燻這個動作會把廚房搞成火災現場，濃煙密布又嗆死人，而且裝燻料的鍋子勢必很慘，絕對是犧牲品。想了想，問老公，能不能不燻？直接把步驟五與七給省略了。

「當然可以，糖心燻蛋不燻就是滷鴨蛋，滷鴨蛋不浸滷汁就是煮鴨蛋，關鍵在糖心，什麼味道、什麼模樣都好吃。」

吃不到，涼麵宴

　　已退休的觀光局長賴瑟珍，非常懷念保師傅的涼麵宴。

　　「不成啦！妳想累死我啊！離開飯店廚房，再也做不出三十六味醬料、十五種麵條、二十五款麵碼、二十四碟小菜。」我先生一口回絕。

　　「你可以做簡單一點啊！不要那麼複雜嘛！」我嗲聲嗲氣直蹭上去。

　　「如果變簡單，那就不叫涼麵宴。」

　　保師傅獨創的涼麵宴，詳細做法於二〇〇六年集結成冊，由時報出版發行《涼涼的吃麵》。在他擔任亞都麗緻飯店中餐行政主廚期間，曾自掏腰包宴請親朋好友，斷斷續有四、五次之多。

　　他的涼麵宴是五星級飯店首創，甚至因此做了「7-11豪華多彩」涼麵的代言人，前幾次我跟他不熟，無緣受邀參加；後幾次我以女主人身分接待客人，也無暇記錄一二。

　　幸好，前民生報資深美食記者錢嘉琪，不但幾度參與盛會，還把涼麵宴寫成報導、見諸報端。在取得她的首肯下，原文收錄，希望與讀者分享涼麵宴的盛況，讓大家看到一個老傻乎乎的大廚，對料理的狂熱與執著，以及對朋友的熱情與用心。

　　在此介紹兩款涼麵醬，一是應用範圍最廣的日式胡麻醬，可拌麵、沾沙拉、做涼拌；另一款是超級簡單又無敵美味的皮蛋醬，雖然顏色醜，但像吃臭豆腐一樣，愈吃愈過癮。

保師傅曾多次為7-11監製並代言涼麵。（由7-11提供）

保師傅為7-11設計的涼麵，創下超商涼麵的最高售價。（由7-11提供）

為了舉辦涼麵宴，保師傅整整準備了三天的時間。

萬用日式胡麻醬

日本胡麻醬1碗加冷開水1碗，水分四次倒入，調出有流動感的程度，再加醬油膏、甜辣醬、客家金桔醬各2匙、美國黃芥末醬、蜂蜜、烏醋、香油等調味。

日式胡麻醬焙火輕、顏色淺、顆粒細，而且不帶苦味，調製成醬，滋味細膩又清爽。

日式胡麻醬是冰箱常備萬用醬。

面對選項很多的涼麵吃法，往往無法只取一瓢，什麼都要來一點才有挑戰性。

無敵美味皮蛋醬

　　取果汁機，放入6枚去殼的松花糖心皮蛋，加入等量的冷開水，攪打成泥狀，再加醬油膏和香油調勻。

　　皮蛋的氣息獨特，亦有臭香，喜歡的人愛不釋手，調成涼麵醬，再加蔥花、香菜，可引出涼拌菜的清涼感。

皮蛋醬的美味，超級無敵。

松露冷麵也是保師傅在研發涼麵宴時所想到的點子之一。

醬心獨具，保師傅涼麵宴　　　　文／錢嘉琪

夏日蟬唱最囂張那一天，保師傅的涼麵Party開張！

開張前，眾家親友奔相走告，參加過的人怯生生打電話詢問，今年是不是
還在受邀名單上；第一次受邀者，則賣力替周遭好友謀口福：「能不能攜伴參
加？兩位，哦，不不，四位可不可以？」親友的熱情參與搞得主人萬分為難，
拒絕嘛，傷感情；統統有請，座位又實在有限，「喬」了半天之後，涼麵Party
陣容無上網擴張，由三桌增為五桌，最後爆到七桌，終於，Lucky7拍板定案。

★主人備戰 party成怕提

為了服侍悠悠眾口，Party舉辦三天前，主人進入備戰狀態，涼麵宴上要擺弄
哪些醬料、麵條、配料、麵碼？該準備幾種飲料、幾款小菜、哪些湯品？最後
要上什麼水果？還有，要不要甜點呢？這時候，Party恐怕早成「怕提」，提了
就煩。我很能了解這種心情，怕麻煩的人不會辦「怕提」，也因此保師傅的涼
麵宴停辦兩年之後，今年重新開張，我說什麼也擠著要求再湊一腳，只怕有一
天涼麵Party終成「怕提」。

★二十五種麵三十六種醬隨人配

我前後出席過四次涼麵宴，陣仗一年比一年驚人，今年還沒走進會場，已經
看到場外一字排開的麵條，拉麵、烏龍、粉絲、粉條、日本壽麵、韓式冷麵、
廣東撈麵、抹茶麵、蕎麥麵、義大利天使絲，怕胖的人甚至可以找到沒有熱量
的蒟蒻麵。

再過去的醬料檯更為驚人，川味麻醬、日本胡麻醬、韭花醬、皮蛋醬、冷炸
醬、沙茶、蔥開、崩山豆腐醬、秘製豆腐乳醬、台式辣醬、老虎醬、超級酸辣
醬、香芒草莓辣醬、香椰沙嗲醬、泰式醬、越南辣醬、噴火醬、和風醬、咖哩
醬、番茄肉醬、橄欖牛肉、香椿醬，連老法的鵝肝、松露、日本人的海膽、義
大利人的青醬，以及寶島水果統統成醬，數一數，三十六款好醬羅列待客，聲

勢追過十八銅人陣。

吃涼麵一定要的配菜，也不止黃瓜、綠豆芽，大得像橄欖球的菜盤上，我看到了芫荽、高麗菜絲、紫高麗、紅、黃椒、白菜心、紅蘿蔔、西生菜、蘿蔓、九層塔、苜蓿芽、蔥花、馬鈴薯絲和新鮮薄荷……總共十七種生菜供人選擇，後面還有加料提味用的Topping。走進會場，每張桌上放著二十四碟小菜，全都是可以配著涼麵，愈吃愈開胃的小品。

簡短致詞之後，派對開始，所有人衝出去搞定自己的涼麵，有趣的個性差異立即浮現。涼麵宴的用餐方式近似自助餐，材料羅列在餐檯上，每個人自行玩涼麵配對遊戲，選不同醬配不同麵，像調色水彩盤一樣調出獨一無二的專屬味道。心急的人，一口氣拿了五、六種麵體、澆上八、九款醬汁，頓時把涼麵吃成滄桑人生，酸甜鹹辣麻同時到位。

★一種醬 一份情

細心的，一款麵配一種醬，清清爽爽的生菜絲一拌，清簡中吃出耐人滋味，縱然人生欲樂再多，能這樣堅持僅取一瓢飲，最終，不會失落在茫茫競逐當中。聰明的，早早看穿自己怎樣也嘗不盡這檯子上的所有滋味，把所有醬料都點一點在盤中，用一根麵條或生菜配著試味道，挑出喜歡的再下手，最後成為涼麵宴的大贏家，以最有經濟效益的方式吃遍各式涼麵。

我當然也沒能試遍所有涼麵滋味，在能力範圍之內試過的醬汁中，個人最喜歡傳統又創新的蔥開醬，小小的乾蝦米，在油鍋裡嘰嘰煸過，撈出之後，放下青蔥用大火先逼出香味，再轉中火半煎半煸到焦黃，一點點鹽和台灣魚露提味，那混合著焦香與油香的蔥開末，迅速成為味蕾上的一點聚焦，醒味吊香，盡掃夏日疲歉食欲。

後來聽保師傅說起，這樣乾辣椒似的乾蔥，並不好煸，火不能大，大了易焦苦；又不能小，小了會化水；不能常翻，常翻會散。想到保師傅守在熱騰騰的油鍋旁邊，耐心看顧著被熱油試煉的青蔥，直至青澀轉為豐香；一遍又一遍調整著醬料的味道；辦一場涼麵Party，花掉自己大半個月薪水……才知道，成就一盤涼麵的千滋百味不難，難的是千金換不到的盛情。

花雕醉棗，愛妻大補小零嘴

　　有一年保師傅從天香樓被調到1930巴黎廳，終於有機會進入法國餐廳的廚房學習。他對任何料理都感興趣，每天除了當幫手，就是問做法，很想把所有經典菜的食譜都抄回家。

　　那天他正纏著一位廚師問東問西，在一旁洗碗的阿姨面露驚訝表情說：「保師傅，原來你不是什麼都懂哦！」之後兩人便聊了起來，這位阿姨告訴他：「家裡有吃了一輩子，用紹興或紅露酒做的養生黑棗，非常滋補身體，你想不想學呢？」

　　「好啊！有什麼不好，反正我現在是法國餐廳的見習工。」保師傅笑說。

　　隔天洗碗阿姨果真帶來一瓶黑棗，保師傅一試，驚為天人，靈機一動、稍做改良，拿掉當歸、改用花雕、延長燜蒸時間，取名為「花雕醉棗」，列入天香樓的小菜中，讓客人開胃口的同時，也能補身體。

　　有一年，辜振甫的女婿，君品酒店執行長張安平，派司機送來兩盒親手製作，四川保母傳授的老滷泡菜給我嘗。結果泡菜吃光光，卻一直想不到拿什麼當回禮？正在煩惱時，保師傅想到花雕醉棗很適合，「黑棗比泡菜好，高級又養生，老人家會喜歡。」

　　張先生喜不喜歡我不知道，但我自己愛不釋手，經常大量製作，並送給身邊的女性朋友，每天晚上看電視順便吃幾粒，每個月好朋友來才不會痛得哎哎叫。

●保師傅的花雕醉棗

■備料：

黑棗600公克、冰糖300公克、
米酒2/3碗、花雕酒1瓶備用。

*10人份大同電鍋一次最多可製作2公斤黑棗。

■作法：

1. 取大同電鍋*內鍋裝黑棗，淋
入米酒，抖鍋讓黑棗甩跳約2
分鐘，去除髒污。

2. 倒掉米酒、撒上冰糖，並均勻
淋上花雕酒（酒淹棗超過1/2
高度）。

3. 封上保鮮膜，入電鍋蒸30分
鐘。戴上隔熱手套，再次抖鍋
讓黑棗吃味均勻。

4. 再蒸50分鐘，燜至隔天，方能
拆膜食用。

5. 完全冷卻，裝瓶冷藏，可存放
一至二個月。

你，別小看了蒜泥白肉

愛吃又會煮的導演李崗，一直念念不忘保師傅幾年前在南村落所做的豆瓣魚，個性都很悶的兩個男人，一聊起菜來情緒高漲，不但欲罷不能，還約好了各出四道菜來PK，李崗開出來的菜單是：醬鴨、獅子頭、鹹魚蒸肉餅和青椒塞肉，保師傅則是：豆瓣魚、水煮牛、滷豬腳與蒜泥白肉。

「蒜泥白肉？會不會太弱了點？這樣會打不過李崗啊！」印象中的蒜泥白肉就是水煮五花肉片淋上蒜泥醬油膏，我有點兒擔心專業廚師比不上業餘煮夫。「妳懂什麼！誰說蒜泥白肉只有醬油膏而已。」見他驟然變臉，嚴肅了起來。

PK前一天，保師傅在家裡調製蒜泥白肉醬，像往常一樣，我要扮演下手、下女與跑腿，先把材料一一備齊，才能請大師進廚房。所需材料有：新鮮辣椒、大蒜、花椒粉、紅油、麻油、細糖、白醋等，看起來似乎不太麻煩。

材料裡最難的是紅油，還好冰箱裡有一瓶保師傅煉製的私房紅油，要不然也有現成的寶川紅油可用；大蒜仔細剝皮，不能用現成的水洗蒜，否則發酵的臭酸會更加擴大；花椒粉選用滋味最嗆最麻的大紅袍，先用調理機打個粉碎，再把不易打碎，又容易黏在上顎的白色花椒心篩掉，留下細砂般的外殼粉末。

「前輩師傅的蒜泥白肉醬厲害在添加了花椒粉，以及煸香的新鮮辣椒。」見他把辣椒切成不太斜的一點五公分小段，放進沒有油的乾淨炒鍋裡直接煸炒。

辣椒一開始很乖巧，但經過中小火催化，加上邊翻邊壓的手法，撒潑個

做菜不能用減法，恢復古早味的蒜泥白肉，讓人對這道傳統川菜肅然起敬。雖然辣到跳、麻到叫，還忍不住一口口往嘴裡塞。

性變本加厲，像爆米花般霹哩啪啦響個不停，辣椒籽更不安分，不時暴跳如散彈四射。

「好了吧！差不多該起鍋。」怕被流彈掃到的我催促著。「還早得呢！要聞到炭燒味才行，而且要小心，別把辣椒炒到全糊。」

沒看過也沒吃過如此複雜的蒜泥白肉，不是不相信我老公，而是內心仍有小小疑惑，於是翻遍家中藏書，包括從大陸收購的多本涼拌菜、民國七十三年台灣漢光出版的四川菜，以及傅培梅等舊本新作的食譜，都沒有發現蒜泥白肉有乾煸生辣椒這一味。

「三十八年前我剛入行，從大陸來台的四川師傅都會乾鍋煸椒，當時老師傅一邊煸，一邊喃喃口述做法：從前在大陸不用鍋子煸是用炭火烤，以

前燒煤炭，火起來了加煤灰讓火變小，把青辣椒用鐵串子串起來，在炭火上慢慢烤，烤到爆開來，表面有焦黃，散出焦香味。」保師傅記得川菜師傅喜歡擺龍門陣，鬥嘴抬槓聊天，說自己的血淚史，或打四川搓牌消磨時間。

而一條條煸焦煸軟的青辣椒，加鹽、加醋、加醬油拌一拌，放冷了裝罐封起來，整條跟湖南臘腸一起夾饅頭，或剁碎了拌麵（台北喜來登飯店請客樓就有賣煸椒拌麵）、炒肉絲、調醬汁、炒青菜，樣樣都好吃。

保師傅又說，這些吃法都是四川廚師的私房飯菜，由於做法有點兒麻煩，所以通常是師傅請廚師朋友吃的菜，也是餐廳的隱藏菜單，就像香根肉絲，也是從廚師飯菜發展出來的，而燒椒最常用於調醬，例如：崩山豆腐、皮蛋豆腐等。「不過皮蛋豆腐是鹹麻辣味型，不需糖與醋，至於蒜泥白肉要靠糖和醋來解膩。」他補充說明。

得到了關鍵訊息，再回頭找資料，從四川科學技術出版社出版的《四川涼拌菜大全》找出青椒皮蛋、青椒熗拌雞、燒椒鵝腸、燒椒鱔絲等使用燒椒的料理，處理新鮮辣椒的方法，有的用乾鍋煸，有的用炭火燒，跟保師傅轉述的一模一樣，只是在台灣，一代傳一代，這代不如上代，如今許多川菜館子連最基礎的紅油都不煉，甚至乾脆不用紅油做菜，更何況燒椒這一味，在台灣幾近絕跡。

同樣愛吃又愛煮，導演李崗邀請
保師傅一起下廚、飲美酒。

保師傅的古法蒜泥白肉

■調醬：大蒜末120公克、乾煸辣
椒末15公克、金蘭醬油膏120公
克、紅油40公克、麻油5公克、
花椒粉4公克、細糖4公克、白醋
35公克，全部混合攪勻。

乾煸辣椒一：紅或綠辣椒斜切成小段。

■選肉：以前都用枕頭肉（豬後腿
最平整的半肥半瘦肉），現在改
用肥瘦相間的五花肉，煮起來不
易乾澀比較滑口，而且要選購靠
近肋排、較厚的五花肉，避免買
到靠近肚子較薄的五花肉。

乾煸辣椒二：開中火、乾鍋慢煸，小心將
籽飛濺成暗器。

■煮肉：以兩公斤重，厚度4公分
的五花肉為準，整塊肉放進冷水
中慢慢煮沸，即轉小火半煮半
泡，禁止大滾沸，讓水溫保持在
攝氏92度以內。

乾煸辣椒就是要烤得這麼
焦、煎得如此乾，吃起來
才會香。

原來蒜泥白肉的沾醬，不
是只有醬油膏而已，而且
使用範圍之廣，讓愛吃辣
的人驚喜無比。

大部份川菜館的蒜泥白肉，淋醬多是蒜泥醬油膏，不麻也不辣，更不美。

浸煮45分鐘，開大火再滾沸，即熄火加鍋蓋，再浸20分鐘，最後撈出熟肉，蓋上濕布降溫。

■**上菜**：五花肉只煮到七、八分熟，溫溫的切就不會黏刀，切開見斷面呈粉嫩色最標準。切片後再入滾沸高湯汆燙至全熟，肉將緊縮，甜分保留，熱氣會帶出蒜泥醬的風味，是熱燙冷盤。

加了煸椒與花椒的蒜泥白肉，雖然沒有如脫韁野馬般的狂野麻辣，但保證在大口吃肉之後，行氣活血、通體舒暢、大汗淋漓、痛快至極。此醬亦可萬用，拌麵炒肉均夠嗆。

保師傅拿出蒜泥白肉給李崗等一群美食家品嘗，結果沒輸人也沒輸陣，整盤吃光光。

保師傅的川味皮蛋豆腐

1.運用前述焗椒醬的做法，但不要加糖與醋，否則有豆腐酸敗的錯覺。

2.中華豆腐橫剖片切開變兩塊，表面切割十字刀紋，深度達豆腐的一半，間距為0.2公分左右，澆上調好的醬汁，讓醬汁滲入、附著，放上皮蛋並撒上大量香菜搭配。

涼拌豆腐也有刀工，在豆腐身上開刀，如同輪胎有抓地力，才能吃得住焗椒醬。

運用古法蒜泥白肉醬所做的涼拌皮蛋豆腐。

為摯友，滷豬腳

「保師傅，你能不能推薦幾家好吃的豬腳店，我要買給老師吃。」

「別人的都沒有我滷的好吃，我可不可以自告奮勇，為妳滷豬腳？」

歐巴桑與歐吉桑，是我跑新聞認識的朋友，我喜歡歐巴桑下筆細膩、態度謙和；欣賞歐吉桑個性率直、踏實認真。兩人退休後擁有相同信仰，相扶相持，成為心靈道路上一起成長的朋友。

二〇一一年初，保師傅突然發現心肌梗塞而匆忙住院，由於快要過年，我誰也不敢說，也不敢回娘家，只悄悄告訴幾位身邊朋友。除夕前一天，保師傅剛開完刀在加護病房裡觀察，我一個人在家，心情極為難受。

「保師傅好點了嗎？妳一個人明天在家過年嗎？我和歐吉桑能不能跟妳一起吃年夜飯？因為他今年沒回家，也是一個人過，他說他去妳家煮火鍋，妳先去看保師傅再回家吃飯，順便把經帶給妳。」

看到歐巴桑傳來的簡訊，我的淚水潰堤而出。隔天兩人依約前來，不但

保師傅與我經常受到朋友的照顧與關心，
以滷豬腳做為感謝。

保師傅的滷豬腳，吃起來充滿感恩的滋味，冷食一樣美味。

與我說說笑笑，還不怕忌諱，跟我進醫院探望保師傅。

「你們不回家過年沒關係嗎？」我擔心詢問。

「我買不到回家的車票啦！明天回去就可以了。」歐吉桑笑笑回答。

歐吉桑的老家在雲林，幾年前，記得也是過年前，曾順道拜訪。他家人不但示範蘿蔔糕的傳統做法，還準備了一大塊讓我帶回台北，一家人都極為熱情。獅子座的歐吉桑，行動崇尚自由，不管路途遙遠，走到哪兒一定自己開車，哪怕是遠至花蓮、台東，深入南投偏鄉也不例外。有一次結伴赴外縣市採訪，也愛開車的我，還為了爭做司機而跟他大吵一架。

什麼時候開始，返鄉不開車而坐火車？也許買不到車票是陪我過年的藉口，但我知道，為摯友滷一輩子豬腳都甘願。

保師傅的滷豬腳

■備料：

1. 向肉販特別交代，要買成熟且皮厚的豬，一隻前腳加兩隻後腳，刮皮清理、剁成塊狀。

2. 蔥6根拍扁對切、薑10片切0.3公分帶皮，大蒜12瓣略拍、香菜頭10枝、八角4粒，碎冰糖、紹興酒、醬油、胡椒粉、老抽、水。

■做法：

1. 取鑄鐵鍋煎香豬腳，熱鍋放油，有皮的那面先煎出焦黃，再翻轉各面煎到表面變色取出，瀝掉油水。此時油煙很大，請小心油爆。

2. 取厚底大湯鍋，燒熱加油，放入蔥、薑、蒜、香菜與八角。先不翻動，待香味出、色變金黃，再翻炒。

3. 加入20公克冰糖，炒到化開變焦糖色，放進豬腳翻動，等鍋熱再熗紹興酒* 1碗、醬油2碗，以及少許老抽。

4. 滾沸至出味，撒胡椒粉，加水淹至八分滿，煮沸後試味調整，滋味淡淡即可。

5. 壓上盤子，滷1小時又40分鐘，設定每10分鐘翻動一次。

6. 用筷子戳豬皮，待稍微用力即可穿過的程度，即可將豬腳與部分滷汁移至它鍋，開大火收汁直到豬腳表面簇亮即成。

　據歐巴桑與歐吉桑轉述，心靈導師吃了保師傅的豬腳大為讚賞，無論是Q軟、鹹淡都恰如其分，可說是多一點、少一分，味道和口感就差了，完全是靠經驗滷出來的滿分豬腳。

豬腳好吃，從選料開始，選擇成熟的厚皮豬肉，咬感香氣自是不同。

鑄鐵鍋不是只用來煎牛排，還能煎豬腳、烙鍋貼，要懂得靈活運用。

煎豬腳是為了去除油脂，一般多用油炸，在家用煎的即可。

直接在大湯鍋爆香蔥薑蒜，蒜帶皮，味更香。

滷豬腳的辛香料與乾香料都要經過油爆，才能迅速釋出香氣，再放進豬腳混合炒製。

滷豬腳一定要用厚底大湯鍋，才不會黏底燒焦，功虧一簣。

不光是滷豬腳，凡是長時間燒爛滷的料理，都可使出「壓盤子」的老技法，讓食材在醬汁裡充份浸潤。

用筷子戳豬皮，若是稍為用點力即能穿透，就表示豬腳的Q軟度已達最佳狀態。

*熗紹興酒，指在鍋子很熱的狀態下，沿著鍋邊淋下紹興酒，在高溫下可瞬間揮發酒精，去除酸澀、增加香味。

敬泰斗，獻上富貴牛三件

去年的金鐘獎頒發了兩個特別獎，其中一個給了傅培梅，台灣烹飪界的泰斗，在台視開播《傅培梅時間》烹飪教學節目長達四十年、發行中英對照的《培梅食譜》行銷全球超過五十萬冊，這個獎也勾起我對傅老師的種種回憶。

小時候，覺得傅培梅像我的家人，天天準時收看台視的《傅培梅時間》流口水，翻閱家裡一整排的《培梅食譜》當解饞，與我父親同是山東福山人的傅培梅，拯救了我完全不會煮飯的台籍老媽，讓她對下廚感興趣，對外省菜有概念，也讓家中小孩從小就喜歡跟著大人擠在廚房裡，看食譜做幫手煮好菜，嘰嘰喳喳討論吃喝，一家人共同的回憶大都圍著吃打轉。

十幾年前，偶然得知台視有意停播《傅培梅時間》，傅老師對外宣布將退休，我與她因此有了第一次的接觸。初次看到偶像不在電視、不在書裡，不但站在眼前，還親自下廚，燒了一桌好菜請我吃，內心激動，猶如夢中。回到報社，發出獨家新聞，隔天獲得報社長官嘉許，回到家裡被老媽抱怨：「妳去採訪傅培梅怎麼沒跟我說，我也想吃她親手煮的菜……」

新聞曝光，民眾不捨，節目沒被腰斬，但時間愈縮愈短。有一次進棚探班，看到簡陋的布景、昏暗的燈光、沒有製作群的奧援、五分鐘出菜的限制，連受邀的廚師都大喊吃不消，也讓求好心切的傅老師大為光火：「短短五分鐘能教出什麼好菜？」

而我先生曾秀保年輕時受到傅老師的提攜，數不清有多少次上她的節目，保師傅永遠記得，一九九二年在中華美食展以「四海龍王會」拿下熱食組冠軍，不久之後便接到一通電話：「我是傅培梅，《傅培梅時間》已開播了三十年，將開闢新單元『名廚名菜』，第一集想邀請你上節目。」

傅培梅老師影響台灣家庭甚
鉅，五〇年代許多媽媽都是看
電視，跟著她學做菜。
（程安琪提供）

　　當時還是主廚行政助理的保師傅，模樣很矬，黑框大眼鏡底下透出一對
瞇瞇眼，高高的廚師帽壓不住自然鬈的一頭亂髮，不過料理動作純熟，說
話條理分明，所以經常受邀亮相，示範各式菜餚，兩人因此結緣。

　　而我與傅老師的關係，也因為保師傅而拉近距離，變得很親，就像小時
候幻想的感覺一樣。

161

傅培梅多次參與食品大廠的口味調理研發，其中
包括超商牛肉麵。

以前烹飪節目的製作條件很克難。　　（程安琪提供）

　　與保師傅結婚那天，傅老師一家人都是座上佳賓，我緩緩走入會場，見
她一個箭步衝上來，壓低聲音說：「瑞瑤啊，傅老師教妳，捧花這樣拿，
就可以擋住肚子了。」原來她看我挺著大肚子又穿著球鞋進場，以為已經
帶球走，忍不住流露關心。其實肚子大是胖，穿球鞋是腳痛，年輕人不懂
含蓄，動作大剌剌，讓老人家虛驚一場。

　　那年，傅老師過七十大壽，指定在亞都麗緻飯店宴客，並由保師傅負責
掌廚，保師傅洋洋灑灑羅列出幾道大菜，其中一道富貴牛三件獲得傅老師
的讚賞。猶記得傅老師說，阿保年紀不大，做老菜卻很在行。

　　富貴牛三件是一道湖南老菜，與富貴火腿、富貴土雞齊名，傳統做法是
內包荷葉、外覆濕泥，製作極為費工。但當時已用玻璃紙取代泥巴，保師
傅並將菜餚變熱鍋，衍生出連鍋牛三件，做為飯店熱賣的外帶年菜，甚至
連續兩年成為我娘家的圍爐大菜。

《傅培梅時間》在台灣開播近四十年，創下台灣電視史的紀錄，至今無人能敵。（程安琪提供）

　　日前無意間看到台視的烹飪節目，示範的年輕廚師錯誤百出，江浙著名的蝦子雙冬，居然拿蝦仁炒筍子與香菇，不知蝦子指的是乾蝦卵，教導女主持人用乾鍋炒松子，結果松子下鍋不久便焦黑，我忍不住嘟囔：如此遜咖還能上電視！也不禁想起傅老師生前也經常收看美食節目，跟我一樣，一邊看一邊罵，受不了外行充內行，誤導觀眾亂做菜。

　　她也氣烹飪節目流於綜藝化演出，就像市面上大部分的食譜一樣，力求做法簡單，編排美觀，但依樣畫葫蘆做不出來，滋味亦不佳，不像她的《培梅食譜》，巨細靡遺，不厭其煩，好似媽媽對女兒的諄諄教誨與細細叮嚀：做好菜，哪能怕麻煩！

　　富貴牛三件與連鍋牛三件都是很難做的菜，但我堅持要學，希望味覺勾出回憶，永誌不忘。

保師傅在傅老師七十大壽時，獻上湖南老菜富貴牛三件。

富貴牛三件

■備料：

帶白筋的台灣牛腩（美國牛腱心亦可）、牛肚、牛筋、蔥、薑、蒜、紹興酒、辣豆瓣醬、蠔油、醬油、白胡椒粉、味精、太白粉、荷葉、玻璃紙。

■做法：

1. 牛腩、牛肚、牛筋一起放進沸水汆燙、瀝起、洗淨。

2. 牛分三路，牛肚和牛筋用熱水煮，肚煮1.5至2小時，筋煮2.5至3小時，撈出泡冷水，降溫10分鐘再撈出。

3. 牛腩注入高湯，並加蔥、薑、酒，以及整條沒削皮的白蘿蔔，覆蓋保鮮膜，上籠炊蒸，40分鐘後，先取出白蘿蔔；2至2.5小時後，再拿出牛腩，蓋上濕布降溫。

4. 腩切厚片，肚與筋切成條狀，蘿蔔切滾刀塊。

5. 起油鍋爆香薑末與蒜末，放入辣豆瓣醬、紹興酒、蠔油與醬油等炒香，注入蒸牛腩的高湯，放入4的所有材料（高湯需淹過），煮沸後加白胡椒粉和味精調味。加鍋蓋，轉小火，燜40分鐘。

6. 開大火收汁變濃稠，勾薄芡、淋香油。

7. 荷葉下方墊上玻璃紙，放入燒好的牛肉，包起來上籠蒸30分鐘，吃時開封、撒上蒜苗花即可。保師傅說，一般家庭食用，不必包荷葉那麼麻煩，只要收汁、入盤、撒蒜苗即可。

另外，富貴牛三件可大量製作、冷凍保存，取小碼碗或小鐵盆當扣碗，牛肚放中間，牛腩擺一邊，牛筋另一邊，白蘿蔔鋪滿在最上面，仔細壓實。淋上紅燒原汁，冷透了用保鮮膜封起來冷凍，食用前上籠蒸50分鐘，即可扣盤盛裝。若要變換口味，可澆淋家常、魚香、茄汁、沙茶、咖哩等，做出各式各樣的牛三件料理。

富貴牛三件與連鍋牛三件的材料都一樣,以牛肉與其內臟為主。

連鍋牛三件

■做法:

1.同富貴牛三件步驟至5。

2.取砂鍋,炒白菜打底,加入牛三件與凍豆腐。

3.另起油鍋,爆香薑、蒜末、辣豆瓣醬、紹興酒、蠔油,倒進燒肉原汁與牛腩高湯,撒些胡椒粉強化風味,滾沸後勾薄芡,倒進砂鍋裡、撒上蒜苗花。

4.砂鍋移至餐桌,以電磁爐或小瓦斯爐加熱至沸,第一輪先吃牛肉、喝點原湯,第二輪再放茼蒿、白菜、香菜、粉絲等,當作火鍋,邊煮邊吃。

連續好幾年，我家過年年夜飯都端出連鍋牛三件，吃完牛肉吃青菜，最後加粉絲當火鍋吃。

富貴牛三件衍生成連鍋牛三件，大菜變熱鍋，吃起來更合全家人的胃口。

•Part 5
過新年，做大菜

超實用，乾貨甦醒法

　　乾貨就像睡美人，如果沒有王子深情的一吻，她的美麗容顏就無法被喚醒....

■蝦米：又名開陽、蝦乾、海米。以溫水浸泡2分鐘後瀝乾，加少許紹興酒浸潤約5分鐘，連酒倒入乾鍋裡用小火烘香，可達去腥提鮮的功能。

■瑤柱：又稱乾干貝。以溫水洗淨，剔除咬不動的韌帶，加水淹過，淋進幾滴紹興酒，封上保鮮膜，入鍋蒸1.5小時。更省事的方法是泡水一晚，同樣淋酒，蒸30分鐘即可。

■煙燻臘肉：就是湖南臘肉，臘肉不怕肥，炒製前先切薄片，入熱水汆燙，去除煙燻、鹹味與髒污。瀝乾後入乾鍋以小火煸香出油，再加油、辣椒等爆香，最後放進蒜苗或蒜苔等搭配蔬菜拌炒。廣東臘肉亦可使用此法。

瑤柱入菜滋味好，記得拿掉前端半月形，咬不動的韌帶。

蝦米的種類很多，最怕吃到漂白與染色，很多人到大陸旅遊，帶回許多黑頭蝦米當禮物，其實黑頭是蝦膏的原色，並非不新鮮。

■**廣式臘腸與肝腸**：溫水泡洗30秒，擦乾水分，淋上少許高粱酒與醬油，入鍋蒸40分鐘，切片即可食，或切片、切丁加蒸汁炒菜炒飯。湖南臘腸亦可使用此法。

煙燻臘腸指的是湖南臘腸。

廣式臘腸與肝腸蒸過即食。

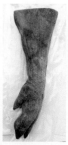

擅長江浙料理的保師傅，對火腿的前置處理很講究。

燕窩蒸過頭，就會化成水。

香菇種類多，不論國產或進口，蒸過再煮味道佳。

■燕窩：先泡水一夜發漲，挑出雜質，瀝乾水分，重新加水蓋過，蒸不超過40分鐘。

■金華火腿：連皮連肉連骨切成4公分如臘肉般厚塊，整塊入熱水煮20分鐘去鹹去油、刷去表面油垢，再入鍋蒸40分鐘出味。以一隻雞的雞湯為例，可加入1兩（約40公克）的火腿切片提鮮，煮好後再落鹽調整味道。

■鮑魚罐頭：雖然即開即可食，但若用電鍋連罐蒸5小時，利用壓力鍋的原理，將使鮑魚變成五星級飯店的境界。

■香菇：香菇泡水即發，但想要口感更好、香氣奔放，就要加水入鍋炊蒸，小香菇蒸30分鐘，直徑6公分以上的大花菇則蒸1小時，記得要封保鮮膜。

利用冷縮熱漲的原理來發刺參，先乾蒸，泡溫水，換冰水，再走水，每天循環步驟，要小心不能碰到油，否則海參化成水。

刺參從乾燥到發漲，可長長一倍以上。

■**刺參**：乾蒸30至60分鐘後，沖入不可高過攝氏70度的溫水，封保鮮膜，等待6小時直至完全冷卻。換冰水，浸1至2小時，再走水1至2小時，持續循環沖溫水，泡冰水，走水等動作，約4至5天，直到完全發漲為止。不可沾到油，否則會化成水。

（上好刺參長度約5公分，成功發漲後可長大到12公分以上）

■**乾魚皮絲**：沖熱水泡一個晚上，第二天走水5小時，瀝乾，再加水淹過魚皮5公分的高度，煮滾轉小火，加蓋再煮30分鐘，熄火，燜到水冷卻。若覺得魚皮不夠軟，則再走水30分鐘，再煮半小時，再燜，再沖冷水。

海蜇皮是鹽漬水母，若水溫太燙，就變咬不動的橡皮。

玉蘭片是很乾很硬的筍乾，必須浸水數日才能軟化。

先泡冷水，再泡熱水，便能去除木耳的霉味。

■**乾木耳**：泡水發脹，換水多次，直至水清無雜味，視木耳大小厚薄，加水入電鍋蒸30至60分鐘不等，可蒸出木耳的清香，亦能節省燒製時間。

■**筍乾**：種類很多，很酸很濕的筍乾，泡水20至60分鐘不等；很乾硬的筍乾需泡水數天，下鍋前均先汆燙，前者宜滷，後者宜燒。

■**海蜇**：走水*去鹹，瀝乾水分即可涼拌，或是走完水，用不超過攝氏85度的熱水澆淋，令蜇皮微縮，再泡冰水30分鐘，即可使用。海蜇需泡水冷藏，食用前再涼拌，否則蜇皮遇鹹出水，個頭變小、且質地轉硬。

■**乾魷魚**：若做客家小炒之類的料理，先洗淨，泡鹽水，鹽水鹹度以喝湯為準；若做魷魚螺肉蒜等湯類，則切片油炸即可。

乾魷魚的發漲程度視料理做法而不同。

堅果有健康的烘烤方法。

蛤士蟆從這裡來。

近幾年花膠取代魚翅，在乾
貨市場中愈來愈受歡迎。

■**花膠肚**：走水3天，讓堅硬變微軟，再沖熱水浸泡，厚的泡20分鐘，薄的17分鐘，之後再活水再走3天。烹調前先汆燙，無論燉湯、紅燒或燴羹，只要20分鐘即可入味。

■**蛤士蟆**：泡冷水4至6小時或沖熱水2小時，可加紹興酒或薑片去味。

■**堅果**：烤箱設定攝氏90度，每20分鐘翻面一次，翻4次烤80分鐘，前幾次翻動，撞擊聲鈍鈍的，烤好後聲音變清脆，最後一次可將溫度稍微提高，讓色澤變金黃。

*走水就是長時間開著水龍頭，以滴水的方式讓水流動，使食材去鹹或發脹。

保師傅教做年菜
六小菜＋六大菜，萬事如意過好年

　　退休後的保師傅，每週六在台北市開封街稻江科技暨管理學院推廣部當老師，教導社會人士把中菜烹飪當作第二專長。剛開始，我很擔心大廚老公一觸即發的臭脾氣，以及面對料理一絲不苟的態度，可能會嚇跑沒有經驗的學生。沒想到學生們非常捧場，只要有新課，報名便額滿，課程連續六年沒中斷，保師傅教過的料理超過六百道，也因此認識許多愛吃又喜歡下廚的朋友，並花心思設計各式各樣融合新舊、貫穿古今的菜色。

　　他上課無私心，一個下午傳授三道料理，每一道都不是輕鬆做，所以學生必須跟得上他的速度，步驟跳來跳去，講義翻來翻去，我看了都眼花，但他堅持洗、切、配、煮按部就班，學生學做菜的同時，也要懂得廚房管理。

　　每到歲末年終，保師傅照例會開一堂年菜課，從冷盤、大菜到甜點面面俱到，道道都是功夫老菜或費工料理，希望學生現學現賣，團圓夜在家人面前大展手藝。可是六小時一口氣教做一整桌十一道年菜，一站就是一整天，沒吃飯也不休息，因此每次上完年菜課回家，便癱在沙發上，累到不說話、不想動，也吃不下飯。

　　某一年，他考慮身體狀況，不想開年菜課，我告訴他：「這些學生都很關心我們，像家人一樣，你做年菜，等於一家團圓，大家開開心心提前過年，這堂課是感謝學生的年夜飯。」

　　我先生有幾句話經常掛在嘴邊：自己一身好廚藝，或許不能留在飯店餐廳，卻能透過學生帶進每個家庭裡，吃過的人記住了味道，料理精神就可以傳承了。

保師傅從飯店後場走進家庭廚房與學校教室，希望把專業廚藝技能傳到每個愛吃又愛煮的家庭裡。

不過做年菜之前，前置作業不能省，例如熬高湯，熬湯是調味的基礎，絕不可小氣，水二料一的比例最完美。

以十公斤的水為例，加兩公斤帶骨雞胸、兩公斤尾椎骨、一公斤後腿瘦肉，全部切塊洗淨，放入沸水中，未滾前勿攪動，大滾後撈除浮渣，再轉小火，不必加鍋蓋，煮五小時，即可取出八公斤的高湯。

至於金華火腿不能直接拿來使用，或是丟進高湯裡熬煮，否則味道又臭又鹹又耗，絕對要先處理才能入菜。保師傅說，一般家庭應該沒有機會使用到整隻沒有分切的金華火腿，而是購買已經分切成塊的帶皮火腿，記住先煮後蒸的原則，去除附著表面的臭耗味，吊出火腿的鹹甘味，引出埋藏其中的陳香，之後煮出的湯頭又鮮又醇。

六小菜

醉筍／杭州菜

■**特性**：冷菜，當天製作。

■**備料**：冬筍、花雕酒、廣生魚露、鹽巴、香油、枸杞

■**做法**：

1.冬筍帶殼蒸45分鐘後放冷，去殼除老肉，切掃巴刀。

2.一支筍子對上一瓶蓋花雕酒，再調入廣生魚露、少許
　鹽與香油，醃拌30分鐘即可。

3.裝飾：枸杞子用花雕酒浸潤10分鐘，微波20秒即可排
　盤。

乾煸牛肉／寧波菜

■**特性**：冷菜，前一天製作。

■**備料**：美國翼板牛肉切絲，放進攝氏170度的熱油裡炸約3分鐘，瀝起，待油溫再升至攝氏175度，再回炸牛肉3分鐘，令其脫水、色澤轉深。

■**做法**：起油鍋炒香蔥絲、薑絲、辣椒絲、牛肉絲，加醬油、紹興酒、高湯、糖、白胡椒粉，大火燒滾，小火上蓋燜6分鐘，最後開大火收乾湯汁，淋香油即成。

青椒塞肉／上海菜

■**特性**：冷菜，當天或前1天製作。

■**備料**：牛角椒、梅花絞肉或胛心絞肉、蔥末、薑末、紹興酒、醬油、棉糖、鹽巴、白胡椒粉、太白粉、香油、蠔油、廣生魚露。

■**做法**：

1.絞肉用菜刀剁細斷筋，加入蔥末、薑末、紹興酒、醬油、鹽巴，以手攪打，並逐次加水，打到生黏起膠，肉色轉粉紅為止。1斤（600公克）絞肉約可打進200cc左右的水，最後混進少許太白粉水與香油讓肉質滑嫩。

2.切開牛角椒，用筷子攪動內心，絞斷白色辣脈，倒出脈與籽，內裡撒些太白粉（餘粉拍出，別沾到外面），利用擠花袋或擠花器填進肉餡，再用太白粉封口。

青椒如何塞肉？當然要靠工具幫忙。　　　　　　（陳牆攝）

青椒與絞肉不會分離的訣竅在太白粉。　　　　　　（陳牆攝）

3.燒熱炸油至攝氏170度，用大漏杓放青椒，一次入油鍋炸到椒皮與椒肉分離
變白，待肉餡約九分熟後瀝出。

4.起油鍋爆香蔥薑末，加入紹興酒、蠔油、廣生魚露，燒出香味再放高湯、
少許白胡椒粉與棉糖，滾沸後撈除辛香料。

5.放入青椒塞肉燜燒5分鐘，轉大火收乾湯汁，盛起，淋少許香油定色防乾。

青椒塞肉做為年菜冷盤非常討喜。（陳牆攝）

寧式燻魚／寧波菜

■**特性**：冷菜，當天製作。

■**備料**：
　草魚、紹興酒、醬油、桂皮、八角、薑、蔥、白糖、鎮江醋、白胡椒粉、
　老抽。

■**做法**：

1.購買草魚中段，對開切斜3公分厚片，可請魚販代勞。

2.用少許醬油與紹興酒醃魚片，每5分鐘翻動一次，醃10分鐘以上。

3.燒熱炸油，油溫要高，魚片先放在大漏杓裡，以最接近熱油的距離，一次放
　下鍋。操作時務必小心油爆，而且只有魚片剛下鍋時，才能略微翻動調整，
　之後魚熟變硬，再動就易碎。

想燒出江南味，絕對少不了鎮江紅醋助陣。

草魚中段斜切，使表面積變大，賣相變好。

炸草魚入鍋燒製，容易碎裂，不可上下翻動。

草魚需油炸兩次，才能炸出漂亮焦色。

4.見草魚片呈茶褐色就瀝起，再度燒熱炸油，回炸第二次，呈現深褐色即可瀝出。千萬不要溫油久炸，把魚肉給炸乾了。

5.另起油鍋，放入拍扁的蔥段、薑塊、八角、桂皮一起炒香，加入醬油、紹興酒先燒出香味，再加水、白糖、鎮江醋、白胡椒粉、老抽，將味道調整到鹹甜並重。

6.放入炸好的草魚片，開中火，以澆淋的方式逐漸收汁，湯汁不必收乾，待色澤愈來愈紅，淋紹興酒增添香氣，起鍋前再加少許香油。

寧式燻魚冷冷吃，細細嚼，最夠味。（陳牆攝）

香菇燴麩／淮揚菜

■**特色**：冷菜，前1天製作。

■**備料**：

燴麩、毛豆、香菇、冬筍、蔥、薑、八角、萬和醬油*、蠔油、紹興酒、白糖、鹽巴、白胡椒粉、老抽、香油。

■**做法**：

1.燴麩用手撕開，一分為四。別偷懶用刀切，難看又難入味。

2.取兩鍋，一鍋燒熱油，另一鍋燒開水**，燴麩先炸成酥硬的金黃色，瀝乾壓出餘油後，之後投進熱水中煮5分鐘，再擠乾水分。

3.毛豆去毛洗淨，水煮沸，先加鹽與糖，再加毛豆煮8至10分鐘，瀝起，待涼。香菇泡開切粗絲，冬筍切成1公分寬的薄片。

*萬和醬油／台北南門、東門市場等地可找到，是上海人慣用的一種紅麴醬油，分紅牌與綠牌兩種，燒製燴麩選綠牌即可。電話:02-22125757

**一般人做燴麩是炸完即燒，但保師傅研究發現，多一道水煮程序，不但可去除油脂，亦可軟化組織，有助於之後的紅燒入味。

燴麩用手一撕為四，邊緣不規則，更容易入味。

燴麩要炸老，直至呈現金黃色澤，才不會有怪味。

4. 起油鍋爆香蔥段、薑片、八角，再加入筍片、香菇絲、萬和醬油、蠔油、紹興酒、白糖、白胡椒粉、老抽、高湯或水，放進燒麩，醬汁不要淹過，味道鹹中帶甜。

5. 加蓋燜燒30分鐘，直至燒麩吸味上色，開大火收汁並調整味道，起鍋前拌入熟毛豆，淋上少許香油即可。

香菇燒麩是過年必備素菜。（陳牆攝）

怪味腰片／四川菜

■**特性**：冷菜，當日製作。

■**做法**：

1.粉皮切條狀，開水汆燙至透明，泡冷水瀝乾，拌少許鹽巴與香油。

2.豬腰沖冷水10分鐘去騷味，切大薄片再浸冰水，然後放進將沸不沸的熱水（切記熱水絕不能沸騰）中浸泡到九分熟，撈出泡冰水，拌少許醬油與香油。

■**調醬**：怪味醬是椒麻醬與芝麻醬的組合。

　椒麻醬：以攝氏120度的油溫泡炸花椒粒約10分鐘，待冷，放入果汁機攪打成椒麻泥，再放入剁碎的青蔥末、醬油膏、棉糖、白醋即成。

　芝麻醬：芝麻醬加冷開水，1：1調成麵糊狀，加進蔥末、薑末、蒜末、醬油膏、棉糖、白醋、辣油、香油、花椒粉即可。

芝麻醬加椒麻醬就是怪味醬，過年拜拜的白斬雞、白切肉均可搭配此醬。

六大菜

冰糖爌方／上海菜

■**特性**：紅燒，前3天燒好，食用前入電鍋加熱。

■**備料**：五花肉1公斤，厚度不超過4公分的長方型，兩面煎成金黃色。蔥、薑、八角1粒用油爆香，加蠔油1大匙、醬油2大匙、鎮江醋1/4匙、紹興酒1大匙燒出味。雞爪3支、豬皮一塊汆燙。熱油加糖炒出咖啡糖色。

■**做法**：

1.所有材料倒進鍋裡*，注意五花肉的皮朝下，再加高湯與水各1000cc（水高必須淹過肉），大火滾沸轉小火，先壓小盤子，再加鍋蓋，燒爌3至4小時

2.連汁裝進盆子裡，湯汁要蓋住肉塊，放涼、封膜、冷藏，待年夜飯當日再完成。

■**上菜**：完成的紅燒五花肉連盆入電鍋蒸40分鐘後，取出肉放在大盤裡，再將原汁倒入鍋裡煮沸，放入蒸軟的白果**，調整味道、勾薄芡，淋上爌方，燙青菜圍邊即可。

先炸五花肉的皮，令其收縮、方便上色。

竹簍子可預咋冰糖爌方焦底、黏鍋、壞形。

有白果裝飾的冰糖爌方，更加如意圓滿。

*爌方最怕黏鍋焦底，飯店作法是鋪上竹篾子（竹簾），把五花肉與其他的料隔開，煮好時拉起
　竹篾子就可以取出爌方，但一般家庭可能不太容易買到，所以墊一個小鐵盤或瓷盤，讓肉不要
　與鍋底接觸，避免焦底壞形。

**除了新鮮白果以外，無論是罐頭白果或真空包白果都要用糖水煮15分鐘，多一道功夫，可去除
　白果的微苦味，並增加白果的黏性與軟度。

瑤柱芋脯雞／台灣菜

■**特性**：乾式佛跳牆，1天前準備，當天蒸透。

■**備料**：去骨土雞腿一隻，切出10至12塊，醃上蒜末、紹興酒、
醬油、糖、蛋、五香粉，拌上地瓜粉入鍋油炸。子排300公克切
塊，醃法與炸法同上。

■**做法**：
瑤柱10粒泡水蒸1.5小時，要保持完整；6個香菇加高湯蒸30分
鐘；芋頭半個切大塊、新鮮栗子10粒、杏鮑菇90公克切塊、蝦米
30公克、蔥段，以上材料分批過油炸香。

■**排列**：取一適當碗公，依序排進干貝、香菇、排骨，以及其他配
料填滿，封保鮮膜，入冰箱冷藏備用。

■**上菜**：年夜飯當天，取出填滿材料的碗公退冰，另起油鍋爆香
蔥、薑、蠔油1.5匙、紹興酒1匙、高湯1碗、糖少許燒開勾芡，淋
進鋼盆中，封保鮮膜蒸1.5小時扣盤、綠青花椰菜圍邊即可。

瑤柱芋脯雞的材料與佛跳牆很接近。

土雞腿沾粉油炸，蒸過後
有滑口的效果。

瑤柱芋脯雞有瑤柱的好滋味，入口即化的芋頭更是可口。

炸蔥段、炸蝦米皆可增加香氣。

四川飯菜鍋／四川菜

■**特性**：熱鍋，當天烹調。

■**做法**：

1. 豬油先爆香蔥段、薑片、五花肉片、花椒粒等*，再淋紹興酒，加入杏鮑菇片、新鮮香菇片續炒片刻，移進湯鍋。

2. 加高湯、白菜、白蘿蔔片、凍豆腐塊、鴨血塊、熟豬肚片、熟大腸片等煮10分鐘，調味即可。

■**製醬**：崩山醬**先以乾鍋煸辣椒再剁碎，加入蔥花、蒜末、香菜末、寶川辣豆瓣醬，醬油、紅油、香油、白醋、花椒粉等調勻，滋味為酸鹹麻辣。

酸鹹麻辣的崩山醬，替四川飯菜鍋火上加油，風味更勝。

滋味與連鍋湯接近的四川飯菜鍋，是配料豐富的白色麻鍋。

*豬油爆香是四川飯菜鍋美味的關鍵，喝起來像連鍋湯（一種四川的傳統湯），沾食崩山醬更勝
 麻辣鍋。

**崩山醬可沾水餃、拌麵、涼拌，嗜吃辣者保證愛到抓狂。

清燉獅子頭*／揚州菜

■**特性**：熱鍋，前2天煨好，食用前加白菜回燒。

■**製肉球**：

1.五花肉請肉販粗絞、肥油手切成粒，瘦肥比例為3：1**。

2.絞肉打進適量的蔥薑水（蔥薑略拍，放進水裡抓擠，瀝出的水即為蔥薑水）、鹽、味精、太白粉、紹興酒、蛋白等，拌勻捏成球狀排盤。

3.封保鮮膜蒸20分鐘定型。（保鮮膜不要先拆封，移鍋前再拆，以免獅子頭遇冷空氣變黑變乾）。

■**燉煮**：廣口深鍋放進熟火腿、鮮蛤蜊、汆燙過的雞爪、帶骨土雞腿墊底，排進蒸好的獅子頭，蓋上白菜，加入高湯淹過，開大火滾沸，轉小火煨5小時，待年夜飯再完成。

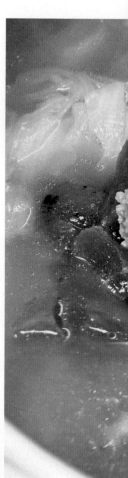

■**上菜**：白菜汆燙煮軟，鋪進砂鍋墊底，將入口即化的獅子頭小心移入，加進處理過的去鹹火腿、火腿汁、高湯，以及煨剩的湯汁等，煮約30分鐘即可上桌。

白菜鋪在獅子頭上面做為保護膜。

誰說獅子頭要摔要打？清燉獅子頭捏出形狀即可。

揚州獅子頭不摔不打，靠時間久燉，入口酥化。

*這道菜是保師傅向杜月笙的家廚，高齡八十多的孫廣泰大師傅所學來的，孫師傅做獅子頭不摔不打，強調時間燉得久，入口即酥化。

**絞瘦肉、斬肥肉，是取其方便，獅子頭有油炸紅燒，也有白湯清燉，而肥瘦比例從8：2到2：8不等，不過肉太瘦便不會多汁，入口全是渣。

椒鹽大鯧魚／山東菜

■**特性**：油炸＊，當天烹調。

■**刀法**：鯧魚肉從稍息變立正，平面變翻花，靠的是切菱形刀工的技巧，先斜刀，再直刀，刀刀見骨，油炸時就能讓魚肉開花。

■**醃料**：山東菜非常依賴花椒，醃魚時除了蔥、薑、鹽、紹興酒以外，別忘記撒一把花椒粒，搓抹魚身，醃15分鐘後，拿掉所有醃料，吸乾表面水分，拍上少許麵粉，熱油炸到金黃色，裡外皆熟。

■**椒鹽**：以中火乾鍋炒出大紅袍花椒的香味，再用瓶子或研磨器磨碎，混合比花椒少一點的鹽巴，以及一點點味精即成。

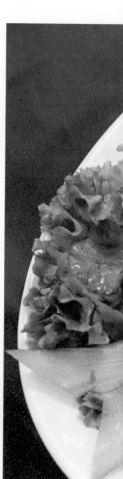

醃鯧魚時，要用大把花椒搓抹魚身，使味道滲透入裡。

椒鹽鯧魚的最後步驟，是在魚身擺蔥花，以熱油澆淋，激發香氣。

運用菱形刀工，讓鯧魚在油炸後，魚肉猶如層層山峰立體而聳立。

椒鹽鯧魚能讓拜拜用的乾炸魚回魂。

■**上菜**：鯧魚身上鋪上蔥花、撒上花椒粉，並淋上梅林辣醬油，燒熱少許香
　　油澆淋魚身即可，食用時亦可沾佐花椒鹽。

*炸過的全魚經過拜拜以後，乾巴巴、硬邦邦、冷冰冰，利用香油澆淋，可讓魚肉回春生香。

冰糖醬鴨／浙江菜

■**特性**：冷熱皆宜，前3天準備。

■**油炸**：紅面土番鴨一隻對開成兩半，抹上醬油，入油鍋炸成金黃色；蔥3支、薑1塊、八角3粒、桂皮1段、雞爪5支等一起入油鍋炸出香味瀝出備用。

■**滷製**：廣口深鍋先放進炸過的辛香料與雞爪、熟火腿皮與豬肉等墊底，鴨子皮朝下放入，加進醬油2/3碗、紹興酒1/2碗、冰糖2/3碗、白胡椒粉與老抽少許，以及1：1的高湯與清水，直到快淹過鴨子。

■**秘技**：先壓一個盤子，再蓋鍋蓋，大火滾沸後，轉小火約2小時，直到水收乾、鴨酥爛即可。

對開的鴨子抹上醬油，再入油鍋炸至上色。

滷鴨子要額外添加熟火腿、豬肉、雞腳等增加香氣與膠質。

保存期長的冰糖醬鴨，冷熱皆可食。

跋

想吃好菜，不能再簡單

朋友說：「你們夫妻聯手合作的這本書長篇大論、囉哩叭嗦、備料一長串、做法分階段，應該不太好賣。」

老實說一開始，我也想寫成輕鬆煮、簡單做、三步驟完成、十分鐘上菜的主流食譜，可是真的好難，因為想做好菜，得細說從頭，得按部就班，一切都從基礎和細節著手。

以前在家下廚，他隨興指點，我隨手記錄，一旦要出書，認真整理時，才發現提示多如牛毛，而且經常為了簡化料理步驟而吵得面紅耳赤。

「能不能再簡單一點啊！」我狂吼。

「不行，想吃好菜不能再簡單！」他悍然拒絕。

的確，跟在我先生身邊，連炒青菜都不一樣，「不要動」是他最常給我下的指令。

「家裡的爐火不比餐廳，青菜下鍋，溫度下降，妳又愛亂炒亂翻，水會一直跑出來，菜自然炒不香。」

不要動有如五線譜的休止符，每一個動作都得慢一拍，但仍豎起耳朵，迎接再起的下個音符，絕不是慌慌張張瞎做菜。

保師傅最氣電視名廚做出錯誤示範，例如：用筷子炒菜，連爆香蔥、薑、蒜末也用筷子攪來攪去，或是故意切菜不看菜、引大火上鍋燃菜，把料理變雜技，都無助於提升料理的美味。

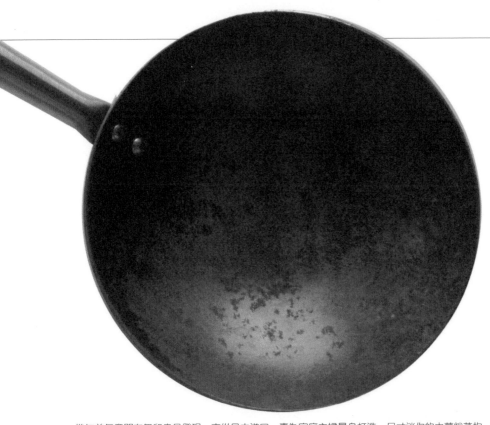

幾年前無意間在無印良品發現一支從日本進口，專為家庭主婦量身打造，尺寸迷你的中華炒菜杓，拿在手中比畫，頗有大廚之風，令我感到無比興奮。

買回家，發現廚房裡沒有一只鍋能配得上這支杓，因為家裡什麼鍋都有，有上萬元的不鏽鋼鍋，也有名廚代言的不沾鍋、非常沈重的鑄鐵鍋，就是沒有中華炒鍋，由於鍋子的弧度與杓子完全不能配合，於是這支杓被我吊在櫃子裡，吊到光澤盡失，甚至生出鏽斑。

過了大半年，在東門市場的五金行看到一只從日本進口的中華炒鍋，忽然靈光乍現，Mr. Right終於出現了。

果然兩者一拍即合，從此廚房的香氣變得不一樣，生鐵製的中華炒鍋比不鏽鋼鍋輕手，吃油量又少，雖然聚熱力稍差，但大火一開，鑊氣湧現，揮杓抖鍋，動作俐落，有一種大廚上身的痛快感。

若不是發現這支杓，也不會注意那只鍋，讓我學習中華料理的基本功，而且更愛我老公。

最後，希望你閱讀此書，勾出心底難以忘懷的美味佳餚、想起因吃而連結的美好回憶，腦海中浮現出情景、鼻間彷彿嗅到香氣、嘴裡咀嚼消失但不捨的滋味，別遲疑，快起身，進廚房，替自己和家人做一桌好菜吧！

附錄1
請大家均衡攝取毒素

美牛掀起大風暴，食品安全拉警報，
害人之物豈止牛？均衡攝取是王道。

塑化劑未平，瘦肉精又起，朋友問我：到底還有什麼東西能吃？什麼東西不能碰？我苦笑回答：生活周遭全是毒，請大家均衡攝取毒素！

食品安全的未爆彈，何止塑化劑而已，開門七件事，柴、米、油、鹽、醬、醋、茶幾全淪陷，政府把關不嚴，民眾貪圖便利，給予黑心業者可趁之機，塑化劑只是台灣食品的冰山一角，想要吃得健康，唯有自力救濟。

PART1 菜籃族請注意

好心的賣筍阿伯叮嚀我：「這批筍子不是我種的，燙過再煮比較安全。」連帶殼的竹筍都如此，更何況是露在外面的葉菜類或是埋在泥土的根莖類。

能煮熟的就不要生食，有皮的就儘量削皮，能洗的就儘量剝開洗，青菜和豆類先燙再炒，炒菜時不要蓋鍋蓋，想盡辦法讓農藥揮發，連煮紅豆湯都要先燙過紅豆。

不要只跟一攤菜販買菜，因為攤販都有固定菜源，如果蔬菜有農藥殘留，吃得愈久，單一毒素的累積量愈高，所以一定要有分攤風險的概念，偶爾在傳統市場買菜，有時也去超市走走，而且不要只吃幾種菜，均衡攝取營養的同時，也分散毒素。

海鮮的保鮮添加

沒有固定攤位的海鮮千萬不要購買，尤其是路邊一盤一百元的那種，雖然肉質很Q很緊，但吃起來沒有魚鮮味或魚腥味，這就是泡過藥水的福馬

林海鮮。

買魚不要怕弄髒手，要摸、要壓、要聞，要掀開魚鰓看顏色，尤其是按壓下去，魚肉不凹陷，或是很快彈回，就是新鮮的證明；魚肉最快腐敗的地方是內臟，所以不新鮮的魚，肚子最快變軟變爛，用摸的就知道。

絕對不要購買現成的蝦仁，尤其是冷凍蝦仁，想吃蝦仁，自己剝殼最安全，因為大部分平價的冷凍蝦仁與冷凍干貝一樣，都泡過藥水發漲、還滾過冰水加重，有些包冰率甚至高達百分之五十，是標準的黑心食品。

瘦肉精與鮮肉精

肉色豔紅不代表現宰和新鮮，當我們大罵美國人賣給台灣瘦肉精牛肉時，台灣禽畜同樣籠罩在瘦肉精的陰影之下。瘦肉精不是美國人專用，台灣人也用得凶，只是你不知道而已。

由於目前台灣禽畜是禁用狀態，沒有安全劑量的標準，吃起來更恐怖。

曾經有肉販教我，豬肉下鍋前，要在水龍頭底下沖淋，愈久愈好，「把紅紅的沖淡比較好」。我不知道這招為了消除豬臊味，還是洗去瘦肉精或抗生素，不過自此之後，我退冰豬肉的方法就是直接丟進水裡，不管有沒有用，至少心理上覺得毒素應該少一點。

禽畜活的時候餵瘦肉精，死後剁成泥了就加鮮肉精，有一次跟著保師傅在家實驗貢丸與花枝丸，現做現煮的好吃又彈牙，但冷凍了幾天再烹煮，鮮味大不如前，當我們笑大陸有一滴鮮，其實自己也不遑多讓。

藥劑的濫用與殘留

市場裡到處可見漂白水與防腐劑處理過的食品與食材：泡過雙氧水的蘑菇、漂白又加藥的麵條與魚丸、怎麼煮都不會破皮的水餃、放再久也不會長霉的麵包、加了去水醋酸鈉或福馬林的豆類製品，還有黃麴毒素污染的雜糧、含有氯黴素的豬肉、過量硫化物的中藥材、農藥超標的茶葉……身

邊的恐怖食物數也數不完。

該怎麼辦？老話一句，千萬不要獨沽一味，否則死得更快。

PARTII 外食族看這裡

「哇，這蝦仁又肥又大又脆，好好吃喔！」美食節目主持人盛讚的蝦仁料理，其實是專業餐飲人士絕對不敢碰的癌症蝦。

當你嫌做菜太麻煩，餐廳業者也是一樣的。老闆或廚師要求廠商幫忙處理，久而久之泡藥水長大的冷凍蝦仁愈來愈受餐廳歡迎，導致民眾以為蝦仁就是肥嫩嫩、半透明，咬起來會彈牙的樣子。

若不能確定蝦仁是餐廳自己剝殼，就該避免點用蝦仁類料理，其中包括整尾清炒或油爆，以及海鮮什錦等等，還有你不會設防，剁碎做成的生菜蝦鬆和泰式蝦餅等，愛吃海鮮的人，別把加了藥的東西當新鮮。

誰把客人當家人？都是騙肖仔

買菜不能同一攤，上館子、吃小吃也一樣，一定要換著吃、輪流來，因為不洗菜的比比皆是，甚至包括飯店在內。沒有人會像媽媽一樣一根根把菜仔細洗乾淨，誰代言都一樣，除非你看到老闆邊煮邊賣邊吃，這保證安全。

除了小心回收舊油、炸油過度使用的問題，更要注意那些擺了一天還香噴噴的食物，例如：放在白鐵臉盆販賣的路邊攤鹽水雞，吃起來不鹹，卻能擱在室溫下好幾個小時都不變味、不發臭；大陸客最愛買，台灣人驕傲的鳳梨酥，存在嚴重香精添加問題；台灣走透透哪裡都有賣的麻糬也有事，常溫下軟Q軟Q，冰起來也不變硬，擺上幾天也還能吃，這種食物你還敢放進嘴裡嗎？

很多都是老生常談，但你經常忽略或視而不見：太美的不吃——因為色素；太白的不吃——因為漂白；太香的不吃——因為香精；沒有完整形狀

的不吃——不知道摻了啥；例如水餃、貢丸等，想吃之前都要先看清楚。

幾個迷思沒有答案

自己在家煮就沒事？答案也不一定。檢視一下經常使用調味料，很容易發現全是人工添加劑，你愛吃又甘又醇的醬油，所以醬油普遍不鹹，就要加防腐劑；因為不夠濃，所以要加色素；想要甘甜，就得加鮮味劑，有的甚至加了三種之多，全是化學名稱；明明是純釀造，卻加了味精、砂糖，而且一瓶賣得比一瓶貴，實在很黑心。

醬料加一點兒就很鮮豔，因為添加了人工色素；明明是不好的雞粉，卻在營養師與名廚的背書下，成為有營養的調味品，堅持吃天然的你，天天都在吃人工劑，只是不自覺而已。

買有機的就安全？我也不相信，如同破功的CAS標誌，商人的良心與把關的機制一樣薄弱，沒事多喝水吧！多喝水連塑化劑也沒事。拿了瓶礦泉水，喝了一半，發現水源是自來水，什麼都是騙人的。

自保方法

那天經過台北東區買了一碗粉圓，由於是外帶，熱騰騰的粉圓與碎冰塊分開包裝，等到要吃時，已經超過一個小時，但是粉圓還是很Q，表面沒有一丁點兒糊化或軟掉的現象，加了碎冰，吃進嘴裡，發現粉圓如橡皮，完全咬不動，只能囫圇亂吞。

保師傅很緊張，怕我吃到塑膠丸，於是隔天在ㄅㄅ的時候，特別觀察了一下，還好，粉圓已經回頭見。因此，健康的身體畢竟不是紙糊的，若非經年累月長時間攝取，一次、兩次誤食也不會出問題的，所以請大家不要忘記，一定要均衡攝取毒素喲！

附錄2

保師傅的好菜索引

國家圖書館出版品預行編目資料

大廚在我家 / 曾秀保示範；王瑞瑤文、攝影--
初版.--臺北市：皇冠文化. 2013.1
面；公分（皇冠叢書；第4286種 玩味；01）
ISBN 978-957-33-2970-1（平裝）

1.食譜

427.1　　　　　　　　　　　102000775

皇冠叢書第4286種

玩味 01

大廚在我家

作　　者—曾秀保◎示範　王瑞瑤◎文、攝影
發 行 人—平　雲
出版發行—皇冠文化出版有限公司
　　　　　台北市敦化北路120巷50號
　　　　　電話◎02-27168888
　　　　　郵撥帳號◎15261516號
　　　　　皇冠出版社(香港)有限公司
　　　　　香港銅鑼灣道180號百樂商業中心
　　　　　19字樓1903室
　　　　　電話◎2529-1778　傳真◎2527-0904
總 編 輯—許婷婷
美術設計—宋　萱、王瓊瑤
著作完成日期—2013年01月
初版一刷日期—2013年01月
初版十二刷日期—2024年06月
法律顧問—王惠光律師
有著作權·翻印必究
如有破損或裝訂錯誤，請寄回本社更換
讀者服務傳真專線◎02-27150507
電腦編號◎542001
ISBN◎978-957-33-2970-1
Printed in Taiwan
本書定價◎新台幣350元/港幣117元

● 皇冠讀樂網：www.crown.com.tw
● 皇冠Facebook：www.facebook.com/crownbook
● 皇冠Instagram：www.instagram.com/crownbook1954
● 皇冠蝦皮商城：shopee.tw/crown_tw